Japan Engineering Geomorphologic Classification Map

日本の地形・地盤デジタルマップ

若松加寿江・久保純子・松岡昌志・長谷川浩一・杉浦正美——［著］

東京大学出版会

Japan Engineering Geomorphologic Classification Map
Kazue WAKAMATSU, Sumiko KUBO, Masashi MATSUOKA,
Kouichi HASEGAWA and Masami SUGIURA
University of Tokyo Press, 2005
ISBN4-13-060748-0

はしがき

　本マップは，我が国初の全国を統一基準で作成された地形・地盤 GIS データベースであり，地形分類，表層地質(地質時代区分)，地表面の標高や傾斜に関する各種の情報が約 1 km 四方の基準地域メッシュで網羅されている日本の国土の基礎情報である．

　著者らが日本の地形・地盤デジタルマップの構想を抱いたのは，1998 年の初夏のことである．1995 年に発生した阪神・淡路大震災の後に，全国的な地震計ネットワークや全国規模の地震防災システムが構築され，いわゆるリアルタイム地震防災システムの整備の機運が急激に高まっていた．しかし，これらのシステム構築に不可欠な全国的な地盤データは未整備で，早急な開発の必要性を痛感した．

　著者らの専門分野は巻末の著者紹介に記されているが，大学時代の専攻は 3 名が建築学，2 名は地理学である．専門の異なる著者らの共通点は「地形分類」である．杉浦と久保は，我が国における地形分類のパイオニアである故 大矢雅彦早稲田大学名誉教授のもとで学び，若松は，杉浦や久保が大矢研究室に在籍していた頃，液状化発生地点の地盤特性と地形分類の関係を全国的に調査・研究しており，大矢教授のもとに通い詰めて地形分類の指導を仰いだ．松岡は，若松を通じて地形分類の理念と手法を学び，GIS（地理情報システム）を駆使して地形分類のデータベースを地震ハザード評価に応用した．松岡の大学院の後輩である長谷川も，地形分類と GIS に深く関わってきた．このように，地形分類，GIS，地盤，防災などに直接的・間接的に関わる 5 名の協力の下に，日本全土に及ぶ大がかりなデータベースの構築が実現した．本マップが，防災のみならず，建設，地理，教育，環境など多方面で広く利用されることを念じている．

　本マップの作成から刊行までには 7 年近くの歳月を要し，その間，多くの方々にご支援とご協力を頂いた．本マップの作成のための研究と作業の多く

は，東京大学生産技術研究所の山崎研究室の一室(当時)で実施させて頂いた．山崎文雄千葉大学教授および東京大学旧山崎研究室の関係各位のご支援とご厚情に心より感謝とお礼を申し上げます．

　また，マップ作成のための参考資料である土地分類基本調査成果資料の収集に際し，旧国土庁国土調査課の大塚文哉氏，各都道府県の土地分類基本調査担当の各位，(社)全国国土調査協会の小笠原希悦理事と上野郁子氏のご尽力を得た．(財)震災予防協会の関係各位には，研究の推進に終始ご支援とご協力を頂いた．米国カリフォルニア州地質調査所のKeith L. Knudsen氏には，本マップの英文表記等について有益なご助言を頂いた．翠川三郎東京工業大学教授には，本マップの構築にご理解と励ましを頂いた．著者の長谷川が当初勤務していた応用地質株式会社には，研究の推進にご理解とご協力を頂いた．(社)土木学会事務局の中村雅昭氏には，出版に際しご尽力と励ましを頂いた．東京大学出版会の小松美加氏には，本書の出版企画から完成に至るまで多大なご尽力を頂いた．以上の皆さまに心より御礼申し上げます．

　本マップの作成および適用例の研究には，平成12～13年度日本学術振興会科学研究費補助金(代表者：若松加寿江，課題番号：12558044)，平成14年度兵庫県ヒューマンケア研究助成（代表者：松岡昌志），平成15年度日本学術振興会科学研究費補助金(代表者：若松加寿江，課題番号：158085)，(財)福武学術文化振興財団平成15年度研究助成(代表者：若松加寿江)，平成15～16年度日本学術振興会科学研究費補助金（代表者：若松加寿江，課題番号：15510155)，2003年度早稲田大学特定課題研究助成を使用させて頂いた．記して謝意を表します．

　最後に，本書を今年3月3日に逝去された大矢雅彦博士の御霊に献呈し，長年にわたるご指導に感謝の意を表します．

　2005年10月

著者一同

目次

はしがき

第1部　日本の地形・地盤デジタルマップの作成 …………………1

1. 地形・地盤研究の意義とデータベースの必要性　1
2. 既存の地盤データベースとその問題点　2
3. 日本の地形・地盤デジタルマップの作成方法と特徴　11
   3.1 属性およびデータ形式　11
   3.2 地形・地盤デジタルマップにおける地形分類基準　13
   3.3 地形分類の精度　18
   3.4 表層地質データの作成　21
   3.5 傾斜および起伏量データの作成　23
   第1部の参考文献　24
   日本の地形・地盤デジタルマップ作成の参考資料　26

第2部　ハザード評価への適用例 ……………………………………36

1. 高潮や洪水氾濫による浸水域の予測　37
   1.1 水害地形分類図の理念　37
   1.2 本マップによる洪水ハザードマップの作成　38
2. 地盤の平均S波速度分布の推定　40
   2.1 はじめに　40
   2.2 地盤の平均S波速度の算出　40
   2.3 微地形と地盤の平均S波速度の関係　42
   2.4 微地形および地理的指標からの地盤の平均S波速度の推定　47
   2.5 本マップによる地盤の平均S波速度分布　51
   2.6 まとめ　53
3. 液状化危険度の予測　53

目次——iii

3.1 地盤の液状化しやすさの判定　55

3.2 想定地震による液状化危険度の予測　58

4. 流域単位の潜在的侵食速度分布の推定　65

4.1 はじめに　65

4.2 ダム堆砂量データの作成　67

4.3 比堆砂量と地形量との比較　68

4.4 平均メッシュ傾斜による侵食速度の推定　73

4.5 まとめ　79

第2部の参考文献　79

第3部　ユーザーズマニュアル ……………………………83

1. ユーザーズマニュアル（日本語版）　83

1.1 データベースの概要　83

1.2 CD-ROM に含まれるデータについて　83

1.3 属性情報　84

1.4 著作権および免責事項　87

1.5 転載・引用した場合の記載事項　88

第3部の参考文献　88

2. Manual for the GIS-based database "Japan Engineering Geomorphologic Classification Map (JEGM)"　89

English Abstract—Japan Engineering Geomorphologic Classification Map　97

執筆者一覧　103

第1部
日本の地形・地盤デジタルマップの作成

1. 地形・地盤研究の意義とデータベースの必要性

　1995年1月17日に発生した兵庫県南部地震(阪神・淡路大震災)は,6433名の犠牲者と4万3792名の負傷者,約10万5000棟の住家全壊,約14万4000棟の半壊,そのほか道路や鉄道の橋梁,港湾施設,および都市ライフラインに未曾有の被害を発生させた[1].この震災により,国や自治体における地震防災対策の様々な問題点が浮き彫りになった.その一つとして,地震直後における被害実態把握の遅れとこれに起因する初動体制の遅れや,国と自治体,自治体間の連携の遅れなどが指摘された.また,阪神・淡路大震災では複数の自治体で震度6以上が観測され,甚大な被害が発生したことから,広域防災体制の確立のために,行政区域を越えた広い地域に対して地震被害を統一的に評価するシステムや,被害防止・軽減のための緊急対応システム整備の必要性についても強く認識されるようになった.その結果,国や自治体によって大規模な地震計ネットワーク[2]〜[5]の設置が行われ,各種の早期地震情報・予測システムが整備・運用されるようになった.たとえば,内閣府は発災後の即応体制強化を目的とした地震被害早期評価システムを構築しており[6],また消防庁でも簡易型地震被害想定システムを開発しCD-ROMで公開している[7],[8].

　一方,上記のような防災・減災システムの構築に不可欠な全国的な地盤データベースの構築はいまだ充分とは言えない.すでに運用されている公的シ

ステムでは，国土数値情報の地形分類データなどが用いられている．国土数値情報は，国土利用計画など国土計画の策定の基礎となるデータの整備を目的とした国土情報整備事業によって作成された全国的なデジタルデータで，国土庁が発足した昭和49年度より作成が開始された．指定区域，沿岸，自然，土地関連，国土骨格，施設，産業統計，水文の8項目がある[9]．これらのうち地形・地盤に関するものとしては，「自然」の中にある土地分類メッシュデータがあり，地形分類，表層地質，土壌の3種類のデータが基準地域メッシュ（約1kmメッシュ）ごとに数値化されている．現在ではWeb上で公開されており[10]，各種のGISへの導入が可能であることから，広域を対象とした地震ハザードの予測や地盤増幅特性の推定などの研究に利用されてきている[11]．しかしながら，この土地分類メッシュデータは，1951年に制定された国土調査法に基づいて1960～1970年代に都道府県別に調査・編集された土地分類図[12]を基に作成されており，次章で詳しく述べるように，県によって分類基準等が異なるなど様々な問題点を有している．

また，国土数値情報以外にも，国土調査法に基づき全国規模で整備が進められている紙媒体の地形分類図や表層地質図[13]などがあり，一部の都道府県ではデジタル化が行われている．しかし，同じシリーズ，また同一都道府県内でも，調査実施者等によって図幅ごとに分類基準が異なる場合が多く，全国を統一基準で作成されているものではない．

以上の背景より，筆者らは国土の骨格をなす地形地質を全国的に統一基準で分類し，かつ工学など地形学・地質学以外の分野でも利用されることを前提とした地形・地盤分類データベースをGISを用いて構築した．本書では，このデータベースを「日本の地形・地盤デジタルマップ」（以下，本マップと呼ぶ）と称しているが，著者らによる既往の論文中[14]~[18]では，このマップを「日本全国地形・地盤分類メッシュマップ」と記している．

なお，本書第1部は，著者らによる論文[15]に加筆したものである．

2. 既存の地盤データベースとその問題点

代表的な地盤データベースとしては，ボーリング調査，標準貫入試験，土

質試験の結果などを含むボーリングデータベースがあり,その開発は1980年頃から自治体,公的研究機関等で行われてきた[19]．このデータベースは,深さ方向に定量的な情報が得られる反面,点の情報から面の情報への拡張が容易ではないこと,住宅地域,農作地域,山間部などを含む広域を対象として高密度に調査を実施することや既存データを収集することが困難なことから,ボーリングデータ以外の情報から地盤情報を面的に捉える試みが1980年頃より行われてきている．

　地盤条件を面的に表すデータとして,地質図や地形分類図などが挙げられる．地質図は岩石の種類,年代,岩相の区分や地質構造の解明を目的に作成されているもので,最近では100万分の1日本地質図を数値化したデータベース(以下では「数値地質図」と呼ぶ)が刊行されている[20]．これを例にとると,全国の地質が165の岩石区分と地質時代によって分類されているが,地盤災害,水害,地震動の増幅特性などの評価に際して最も重要な完新統(沖積層)に関しては,「H」(Holoceneの略)と一括して表示されているのみで,表層地盤の特性を表すデータベースとしては不十分である．

　表1.1に国土調査法(1951年制定)に基づいて作成された地形分類の基準を示す．表からもわかるように,地形分類図は地表の形態,構造物質,成因,形成時期などを総合的に示しており,地盤条件を面的にとらえるデータとして利用することが可能である．また,上記地質図では一括表示されていることの多い低地部もさらに細分されており,防災分野へ各種応用されている．

　国土数値情報の土地分類データの元となった1/20万土地分類図(地形分類図)[12]では,山地,火山地,丘陵地,台地,低地などに地形が大きく区分され,それぞれがさらに細分される．**表1.2**に国土数値情報の地形分類データの都道府県別の低地の地形主分類基準とコード[21]を示す．これからわかるように,最大の問題点は都道府県ごとに統一がとれていないため,全国的に使用できないことである．以下にその問題となる点を地形の大区分ごとに詳しく述べる．

(1) 山地・山麓地・丘陵地

　国土調査のマニュアルとして刊行された『土地・水情報の基礎と応用』[22]に

表1.1　国土調査法による地形分類の基準[28]

A．地形の分類と定義

地形の分類		定　義
大分類	小分類	
山地丘陵地	山頂緩斜面	急斜面により囲まれた山頂部の小起伏面又は緩傾斜面
	山腹緩斜面	山腹に附着する階状の緩斜面
	山麓緩斜面	侵蝕作用によって生じた山麓部の緩斜面及び火山地における熔岩又は火山岩屑の堆積による山麓部の緩斜面
	急斜面	山地丘陵地における前三分類以外の斜面
台地	岩石台地	地表の平たんな台状又は段丘状の地域で，基盤岩が出ているか又はきわめて薄く，且つ，軟弱な被覆物質でおおわれているもの
	砂礫台地	地表の平たんな台状又は段丘状の地形で，厚く，且つ，軟弱な砂礫層からなるもの
	石灰岩台地	石灰岩からなる台状の地域で，石灰岩特有の溶蝕形を示すもの
	火山灰砂礫台地	火山灰砂礫の一次的堆積によってできた台状又は階段状の地域で，きわめて厚い火山灰砂礫からなるもの
	熔岩台地	熔岩でおおわれ，周囲を崖で囲まれた台状の地域
低地	谷底平野	谷底にある平たん面で現在河流の沖積作用が及ぶ地域
	扇状地	山麓地にあって，主として砂礫質からなる扇状の堆積地域
	三角州	河川の河口部にあって，主として泥土からなる低平な堆積地形の地域
	干潟	潟又は湖の干上がったもの（干拓地及び塩田を含む）
	河原	流水におおわれることのある川ぞいの裸地
	磯	汀線附近の平たんな裸岩地域
	浜	汀線附近の砂礫でおおわれた平たん地

出典：国土調査法地形調査作業規程準則〔昭和29年7月2日総理府令第50号〕

B．地形の細分類と定義

地形の分類	定　義
地すべり地形	基盤の傾斜が比較的ゆるやかであって，地表面の原形を極端に変えることなく山腹斜面が徐々に滑動して生ずる地形
崩壊地形	山腹斜面又は崖の一部が急激に崩落して生じた跡の地形で，灌木が生育している程度になったものまでとする
麓屑面及び崖錐	傾斜地の下方に生じた岩屑からなる堆積地形
泥流地形	泥流によって生じた不整形の地形
土石流地形	岩塊，泥土等が水を含んで移動し，且つ，堆積して生じた地形
砂礫堆	波，河流又は潮流若しくは氷河により生じた砂礫の堆積した地形
被覆砂丘	風によって生じ，且つ，砂からなる波状地形で，植物でおおわれているもの
裸出砂丘	風によって生じた砂からなる波状地形で，植物でおおわれていないもの
湿地	排水不良で湿地性植物の生育する地域
泥炭地	分解の進んでいない湿地性植物の遺体で，その組織が肉眼で認められるものが黒褐色又は黄褐色を呈して堆積している地域
天井川	人工堤防設置の結果として河床が平野面より高くなった河すじ
潮汐平地界	潮汐平地の海側の境界
岸欠潰	海岸又は河岸の一部が崩落し，崖を形成しつつある場所
遷移点	河床の傾斜度が急に変化する地点
傾斜変換線	山陵の傾斜がやや急にかわるおおむね等高の点を結ぶ線
火山地界	原地形が火山噴火により生じ，且つ，火山噴出岩又は火山砕屑物により地形が特徴づけられている地域の境界線
崖	長くのびる一連の急傾斜
谷密度界	谷密度80以上の地域とその他の地域の境界線

は，国土調査における地形分類項目と定義の説明（p.30 の表 3-3）がある．これは表 1.1 に示した基準と山地・丘陵地の区分が異なり，表 1.1 にはない「当初」と「現行」の 2 通りの基準が示されている．国土数値情報の地形分類データでは，多くの都道府県が「当初」の基準に沿う名称で区分を行っている．それによれば，「大起伏山地」は「国土地理院の縮尺 1/5 万地形図を縦横各 20 等分した方眼内における最高点と最低点の差が 400 m 以上の山地」となっており，「中起伏山地」・「小起伏山地」はそれぞれ 400〜200 m，200 m 以下と記されている．1/5 万地形図を縦横各 20 等分したものは国土数値情報の基準地域メッシュ（1/2.5 万地形図を縦横各 10 等分したもの）に該当する．しかし，1/20 万土地分類図においては，「大起伏山地」は起伏量 600 m 以上，「中起伏山地」は起伏量 400〜600 m，「小起伏山地」は起伏量 200〜100 m としたものがほとんどである．「山地は起伏量 200 m 以上，地質構造の複雑な部分で，大部分は傾斜 15 度以上となっている」というように定義を与えているところ（福島県）もある．

　丘陵地については上記『土地・水情報の基礎と応用』[22]では，「丘陵地（Ⅰ）」を起伏量 100〜200 m，「丘陵地（Ⅱ）」を起伏量 100 m 以下としている．山地と丘陵地はおもに起伏量で区分されているものと考えられるが，「小起伏山地」と「丘陵地」の区別や，「山麓地」と「丘陵地」の区別は示されていない．

　「山麓地」の定義として，前述の『土地・水情報の基礎と応用』[22]は起伏量 100 m から 50 m を有する山麓部を「山麓地（Ⅰ）」，起伏量 50 m 以下を有する山麓部を「山麓地（Ⅱ）」としている．しかし，この説明では山麓地と丘陵地を区別することができない．このため多くの都道府県で山麓地と丘陵地の区別がまちまちとなっている．起伏量に限っても，200 m 以下の山地とするところ（茨城県，三重県，京都府など）や，起伏量 200 m 以上の丘陵性山地とするところ（福島県）などがある．また，山地の縁辺にあり，高さ 100〜300 m の間にある傾斜変換線で山地と接する，というように傾斜の変換線に注目するもの（茨城県，岡山県，山口県，愛媛県など）や，起伏量 200 m 以下の山地で小起伏山地と丘陵地の遷移地帯をなす（東京都），あるいは「山地に従属」するような部分（福井県，奈良県，鳥取県，島根県など）というような区分もあり，統一されていない．さらに，構成物質に注目して，「丘陵地状の地形でも構成岩石

表 1.2 国土数値情報の低地の地形主分類基準とコード一覧表（日本地図センター[21]に基づき作成）

コード		19	20	21	22	23	24	25	26
1	北海道	扇状地性低地		三角州性低地	自然堤防, 砂州		湖沼	河川	
2	青森県	扇状地性低地		三角州性低地	自然堤防, 砂州		湖沼	河川	
3	岩手県	扇状地性低地Ⅰ・Ⅱ		三角州性低地	自然堤防, 砂州		人工湖沼		
4	宮城県	扇状地性低地		三角州性低地	自然堤防, 砂州				
5	秋田県	扇状地性低地		三角州性低地	自然堤防, 砂州				
6	山形県	扇状地性低地		三角州性低地	自然堤防, 砂州				
7	福島県	扇状地性低地		三角州性低地	自然堤防, 砂州				
8	茨城県	扇状地性低地		三角州性低地	自然堤防, 砂州				
9	栃木県	扇状地性低地		三角州性低地	自然堤防				
10	群馬県	扇状地性低地	(氾濫原性)低地	三角州性低地	自然堤防				
11	埼玉県	扇状地性低地		三角州性低地	自然堤防, 砂州				
12	千葉県	扇状地性低地		三角州性低地	自然堤防, 砂州				
13	東京都	扇状地性低地		三角州性低地	自然堤防, 砂州				
14	神奈川県	扇状地性低地		三角州性低地	自然堤防, 砂州				
15	新潟県	扇状地性低地・氾濫原性低地		三角州性低地	自然堤防, 砂州	被覆砂丘Ⅰ・Ⅱ			
16	富山県	扇状地性低地		三角州性低地	自然堤防, 砂州（砂丘を含む）		湖沼		
17	石川県	扇状地性低地		三角州性低地		砂丘低地			
18	福井県	扇状地性低地（氾濫原性）		三角州性低地		自然堤防, 砂州			
19	山梨県	扇状地性低地		三角州性低地	自然堤防				
20	長野県	扇状地性低地		三角州性低地	自然堤防				
21	岐阜県	扇状地性低地		三角州性低地			河川・湖沼		
22	静岡県	扇状地性低地Ⅰ・Ⅱ		三角州性低地	自然堤防, 砂州				
23	愛知県	扇状地性低地（氾濫原性）		三角州性低地	自然堤防, （砂丘）				
24	三重県	扇状地性低地		千拓地	自然堤防, 砂州				
25	滋賀県	扇状地性低地	三角州性低地		自然堤防, 砂州				

コード	19	20	21	22	23	24	25	26
26 京都府	扇状地性低地		三角州性低地	砂丘, 砂州, 自然堤防, 天井川				
27 大阪府	扇状地性低地		三角州性低地	自然堤防, 砂州				
28 兵庫県	扇状地性低地		三角州性低地	自然堤防, 砂州				
29 奈良県	扇状地性低地		三角州性低地					
30 和歌山県	扇状地性低地		三角州性低地 (砂泥質)	自然堤防, 砂州				
31 鳥取県	扇状地性低地		三角州性低地	自然堤防, 砂州		湖沼		
32 島根県	扇状地性低地		三角州性低地	自然堤防, 砂州	被覆砂丘			
33 岡山県	扇状地性低地		三角州性低地	自然堤防, 砂州				
34 広島県	扇状地性低地		三角州性低地	自然堤防, 砂州				
35 山口県	扇状地性低地		三角州性低地	自然堤防, 砂州				旧湖盆地性埋積低地
36 徳島県	扇状地性低地 (氾濫原性低地)	氾濫原性低地	三角州性低地	自然堤防, 砂州				
37 香川県			三角州性低地 (海岸平野)	自然堤防, 砂州				
38 愛媛県	扇状地性低地Ⅰ・Ⅱ		三角州性低地	自然堤防, 砂州				
39 高知県	扇状地性低地		三角州性低地	自然堤防				
40 福岡県	扇状地性低地		三角州性低地	自然堤防, 砂州				
41 佐賀県	扇状地性低地		三角州性低地	自然堤防(砂州)				
42 長崎県	扇状地性低地		三角州性低地	自然堤防, 砂州				
43 熊本県	扇状地性低地			自然堤防				
44 大分県	扇状地性低地							
45 宮崎県	前積性低地	三角州性低地 (氾濫原性)	扇状地性低地・ 三角州性低地	自然堤防 (砂丘を含む)				
46 鹿児島県								
47 沖縄県	扇状地性低地		三角州性低地	自然堤防, 砂州		湖沼	河川	

が古第三系(地質年代区分については p.24 の注参照)以前のもの」を山麓地とする(宮崎県)ものや,「麓屑面など斜面堆積物からなる部分」(岐阜県)や「山麓堆積面」(長野県)を含むもののほか,北海道東北部では周氷河作用(凍結融解作用)により形成された山麓緩斜面として定義している場合もある.

　丘陵地の定義のなかには,「主に鮮新統および洪積統からなるもの」(新潟県,長野県),第三系および第四系(富山県),主として新第三系(石川県),などのように地質との関係を挙げるものがある.これらの区分では,丘陵地は第三系(または新第三系)および第四系からなり,山地や山麓地は先第三系(または古第三系以前)からなるという意味を含む.しかし,先第三系からなる小起伏地や侵食小起伏面を丘陵とするところもあり(岐阜県,愛知県,京都府,広島県など),定義自体が不統一である.

　以上のことから,県境を越えて隣の都府県との間に地形区分の不連続が生ずる例はきわめて多い.

(2) 火山地

　火山地も山地同様,「大起伏」「中起伏」「小起伏」に区分されるところがほとんどであるが,「火山麓地」や「火山性丘陵地」との区別がまちまちである.いわゆる成層火山の周囲に発達する裾野斜面を「火山麓地」とするものが多いが,火砕流(軽石流・浮石流)堆積物などからなる火山性丘陵との区別が不明瞭である.さらに,新たに「火山性扇状地」という区分を加えたところ(岩手県,群馬県,静岡県など)もみられる.

(3) 台地

　台地は「砂礫台地」・「ローム台地」・「岩石台地」という区分がされているところが多いが,さらに上位・中位・下位と細分されるものや,「下末吉面」・「武蔵野面」・「立川面」などの地形面の固有名により分類されるもの(東京都)もある.一方,大阪府では「段丘」と分類されるのみで,砂礫などの地質に関する区分がない.岡山県では「砂礫台地」と「ローム台地」が区分されていたが,国土数値情報では両者に同じコードが与えられているため,実際には両者の区別ができない.工学的には表層の構成物質のちがいが重要であり,

「ローム台地」と「砂礫台地」の区別の基準を定める必要があろう．

このほか，河岸（河成）段丘や海岸（海成）段丘以外の起源のものとして，「石灰岩台地」，「溶岩台地」，「火山灰砂台地」などが台地に含まれている（表1.1参照）．石灰岩台地には南西諸島などの隆起サンゴ礁起源のもの（海岸段丘）と，秋吉台などカルスト地形の発達する山地の小起伏部が含まれる．また，溶岩台地や火山灰砂台地と火山地の区別が不明瞭である．

これらのことから，台地地形においても統一した基準で全国を区分することができない状況となっている．

(4) 低地

低地（沖積低地）はさまざまな構成物質からなり，地盤の性質も多様であるため，低地の区分は地盤データの中でも重要な情報である．しかしながら，国土数値情報の土地分類の区分における最大の問題点は，「扇状地性低地」と「三角州性低地」に二分される場合と，これとは別に「氾濫原性低地」という語を用いたものがあることで，氾濫原性低地を独立させているところ（群馬県，福井県，徳島県など）と，「扇状地性低地（氾濫原性）」としたり（愛知県，香川県など），「三角州性低地（氾濫原性）」としたり（宮崎県），扇状地性低地と三角州性低地をまとめたところ（鹿児島県）など，統一がとれていない．1980年頃より地形学の分野では扇状地と三角州の間に「自然堤防・後背湿地帯」を与えるようになったが，1/20万土地分類調査の頃（1960〜1970年代）にはこの考えが確立されていなかったため，都道府県ごとの区分に特に混乱が見られたのであろう．このため，地震災害や水害などでもっとも注意が払われるべき平野の分類が不統一で，そのままではまったく使用できない状態である．

砂質沖積地盤に与えられる主要な微地形には，砂州，砂丘，自然堤防がある．これらは一口に砂質地盤といっても，それぞれの堆積環境を反映して粒度特性や地盤密度に大きな違いがあることが指摘されている[23]．図1.1は，上記3つの微地形区分の典型的柱状図，標準貫入試験のN値と弾性波の速度を示している．3地点における柱状図やN値，弾性波速度は，微地形により大きく異なっている．砂丘は地表部が細粒ないし中粒の緩い風成砂で構成されており，N値や弾性波速度も小さい．一方，砂州は沿岸流や波浪によって形

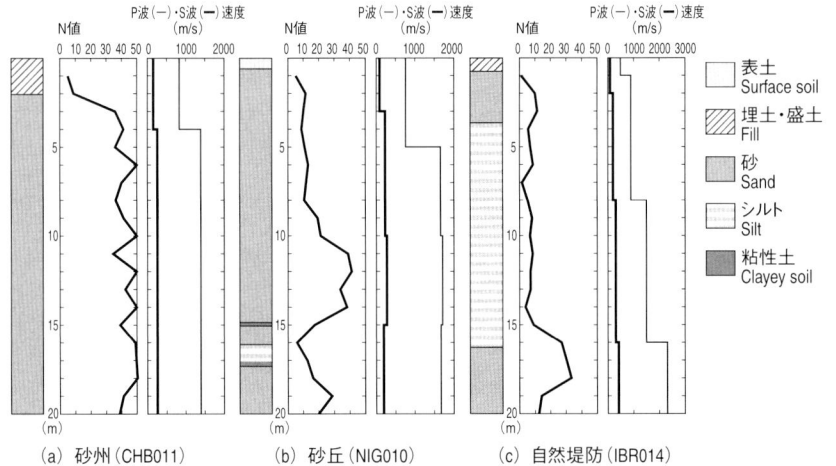

図 1.1 砂州,砂丘および自然堤防の柱状図と弾性波速度構造の例(地盤データは防災科学技術研究所[24]による)

Fig. 1.1 Typical profiles of boring log, SPT N-values, and elastic wave velocities for three geomorphologic units composed of sandy soil (Borehole data source: K-NET, NIED)

成された地形で,中密ないし密な海浜砂や砂礫で構成されている.砂丘は大部分が砂州の上に形成されるため,砂丘砂の下位には砂州と同様な地盤が現れる.また,自然堤防は砂丘同様ゆるい砂質地盤であるが,下位は一般に氾濫原(後背湿地)起源の軟弱な粘性土で構成されている.**図 1.1** を見ると,これらの地盤条件の違いが N 値や弾性波速度にも反映されていることがわかる.

国土数値情報の地形分類データでは,砂州,砂丘,自然堤防が単独で分類されている県は少なく,**表 1.2** に示すように,「自然堤防,砂州(砂丘を含む)」として加えたところ(富山県,愛知県,宮崎県)と,新たに特殊な砂丘の区分を加えたところ(新潟県,島根県,石川県など)もある.これ以外はおそらく「自然堤防,砂州」に含ませたものと思われるが,地盤高分布や構成物質など,土地条件・地盤条件が前述のように他とは大きく異なるものであり,別に区分されるべきである.

埋立地と干拓地についても,地盤高や土地条件が大きく異なり,水害や地震災害を検討する場合には区別されるべきものである.しかし,主分類でコードが与えられているのは三重県のみで,他では副分類の中でコードが与え

られている．「埋立地」と「干拓地」を統合している県が4県あるため，両者を全国的に区別して取り扱うことはできない．

このほか，山地や丘陵・台地内の狭長な低地を「谷底平野」または「谷底低地」として区分することは，洪水の挙動などとの関係で重要であるが，「扇状地性低地」あるいは「三角州性低地」として表現されており，「谷底平野」などの区分はない．

国土数値情報には，昭和49年度(1974年度)の整備開始以来，逐次更新および新規データの作成が続けられているものもあるが，土地分類メッシュは作成当時(昭和50年度)よりデータが更新されていない．このため，以上にあげたような問題点は改善されないまま現在に至っている．したがって，全国がカバーされてはいるが，全国統一基準で分類・作成されたデータベースではない．前述の翠川・松岡の研究[11]では，国土数値情報の地形分類データの不十分な点を解消するための様々な工夫がなされてはいるが，以上で述べた地形分類基準が県ごとに異なるなどの不具合を抜本的に改善するには至っていない．

3. 日本の地形・地盤デジタルマップの作成方法と特徴

3.1 属性およびデータ形式

本マップが保有する属性は，**表1.3**に示す通り，地形分類，表層地質(地質時代区分)，地表面の標高および傾斜に関する各種情報である．いわば日本の国土の地形・地盤の基礎データであり，自然科学，社会科学，工学，地理学，歴史学などにおける様々な事柄・現象との重ね合わせ分析が可能である．また，近年急速に整備されつつある自然災害のハザード評価システム等におい

表1.3 本マップに含まれる属性

データ種類	属　性
地形分類	表1.4参照
表層地質	先第三系，第三系，第四系火山岩類，第四系更新統，第四系完新統
標　　高	標高の中央値，平均値，最小値，最大値，起伏量
傾　　斜	傾斜の中央値，平均値，最小値，最大値

表 1.4 地形・地盤デジタルマップによる地形分類基準

No.	微地形区分	定義・特徴
1	山地	1 km メッシュにおける起伏量（最高点と最低点の標高差）が概ね 200 m 以上で，先第四系（第三紀以前の岩石）からなる標高の高い土地．
2	山麓地	先第四系山地に接し，土石流堆積物・崖錐堆積物など山地から供給された堆積物等よりなる比較的平滑な緩傾斜地．
3	丘陵	標高が比較的小さく，1 km メッシュにおける起伏量が概ね 200 m 以下の斜面からなる土地．
4	火山地	第四系火山噴出物よりなり，標高・起伏量の大きなもの．
5	火山山麓地	火山地の周縁に分布する緩傾斜地で，火砕流堆積地や溶岩流堆積地，火山体の開析により形成される火山麓扇状地・泥流堆積地などを含む．
6	火山性丘陵	火砕流堆積地のうち侵食が進み平坦面が残っていないもの，または小面積で孤立するもの．
7	岩石台地	河岸段丘または海岸段丘で表層の堆積物が約 5 m 以下のもの，隆起サンゴ礁の石灰岩台地を含む．
8	砂礫質台地	河岸段丘または海岸段丘で表層に約 5 m 以上の段丘堆積物（砂礫層，砂質土層）をもつもの．
9	ローム台地	河岸段丘または海岸段丘で表層が約 5 m 以上のローム層（火山灰質粘性土）からなるもの．
10	谷底低地	山地・火山地・丘陵地・台地に分布する川沿いの幅の狭い沖積低地．表層堆積物は山間地の場合は砂礫が多く，台地・丘陵地・海岸付近では粘性土や泥炭質土のこともある．
11	扇状地	河川が山地から沖積低地に出るところに形成される砂礫よりなる半円錐状の堆積地．勾配は概ね 1/1000 以上．
12	自然堤防	河川により運搬された土砂のうち粗粒土（主に砂質土）が河道沿いに細長く堆積して形成された微高地．
13	後背湿地	扇状地の下流側または三角州の上流側に分布する沖積低地で自然堤防以外の低湿な平坦地．軟弱な粘性土，泥炭，腐植質土からなる．砂丘・砂州の内陸側や山地・丘陵地・台地等に囲まれたポケット状の低地で粘性土，泥炭，腐植質土が堆積する部分を含む．
14	旧河道	過去の河川の流路で，低地一般面より 0.5〜1 m 低い帯状の凹地．
15	三角州・海岸低地	三角州は河川河口部の沖積低地で，低平で主として砂ないし粘性土よりなるもの．海岸低地は汀線付近の堆積物よりなる浅海底が陸化した部分で，砂州や砂丘などの微高地以外の低平なもの．海岸・湖岸の小規模低地を含む．
16	砂州・砂礫州	波や潮流の作用により汀線沿いに形成された中密ないし密な砂または砂礫よりなる微高地．過去の海岸沿いに形成され，現在は内陸部に存在するものも含む．
17	砂丘	風により運搬され堆積した細砂ないし中砂が表層に約 5 m 以上堆積する波状の地形．一般に砂州上に形成されるが，台地上に形成されたものを含む．
18	干拓地	浅海底や湖底部分を沖合の築堤と排水により陸化させたもの．標高は水面よりも低い．
19	埋立地	水面下の部分を盛土により陸化させたもの．標高は水面よりも高い．
20	湖沼	内陸部の水域

て，地盤地形参照データベースとして利用されることを想定している．

　データ形式は，緯度経度単位で境界を引いた台形のメッシュからなる．メッシュの単位は，我が国の公的統計で使われている行政管理庁告示第143号(1973.7.12)による約1km四方の基準地域メッシュ(緯度方向で30秒，経度方向に45秒，日本全国が約38万個のメッシュに分割される)を採用している．このため地域メッシュ統計[25]をはじめとする国勢調査などの公的統計データ，国土数値情報，国土地理院発行の数値地図との重ね合わせが容易である．

3.2 地形・地盤デジタルマップにおける地形分類基準

　本マップでは，既存の地形分類図や国土数値情報の問題点を整理・克服し，既存の調査成果を生かしながら，地盤条件の判別という工学的用途を考慮して全国を統一基準で分類するために，**表1.4**に示す新たな分類基準を設定した．

(1) 山地・丘陵地・山麓地

　本マップでは基準地域メッシュ(約1km四方)における起伏量(最高点と最低点の標高差)が概ね200m以上で，新第三紀以前の岩石からなるものを「山地」，同じく起伏量が概ね200m以下のものを「丘陵地」とした．丘陵地には第四系(火山を除く)や先第三系からなるものも含めた．「山麓地」は山地に接し，土石流堆積物や崖錐堆積物など山地から供給された物質からなる比較的平滑な緩傾斜地とした．

(2) 火山地

　「火山地」は日本火山学会[26]の定義にしたがい，第四紀火山噴出物からなる標高・起伏量が大きな地域とした．火山麓地は「火山山麓地」とし，火山地の周辺に分布する緩傾斜地ないし平坦地で，火砕流堆積地や溶岩流堆積地，火山体の開析により形成される火山山麓扇状地，泥流堆積地などとした．これに対し火山性丘陵地は火砕流堆積地のうち，侵食がすすみ平坦面が残っていないものや，小面積で孤立するものとした．

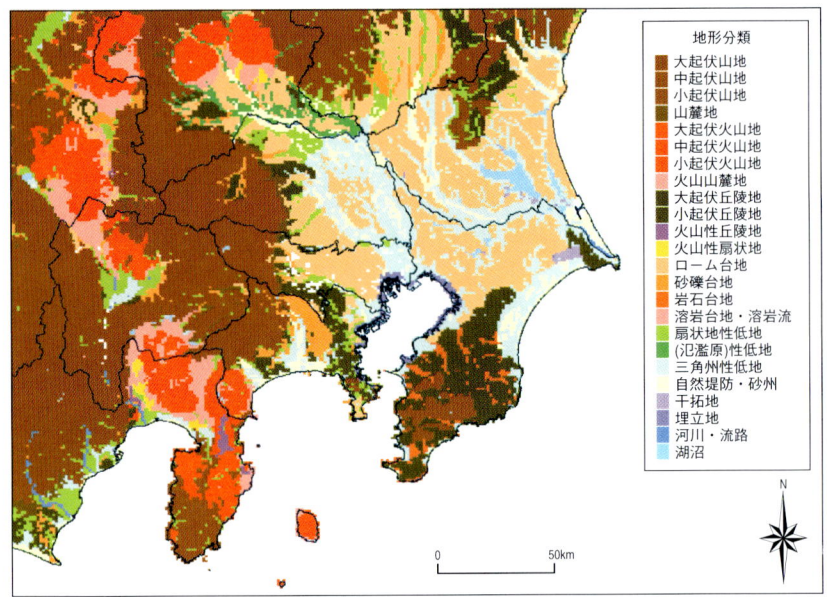

図1.2 国土数値情報による関東地方主要部の地形分類
Fig. 1.2 Geomorphologic Classification of Kanto District in National Digital Land Information (National Land Agency of Japan, 1975)

(3) 台地

「台地」は基本的に海成段丘・河成段丘のうち平坦面の保存のよいものとし，開析がすすみ平坦面がほとんど認められない場合は「丘陵地」とした．さらに，表層地質に注目して，表層堆積物の厚さがおおむね5m以下の場合は岩石台地，砂礫層や砂質土層など5m以上の堆積物に覆われるものを砂礫台地，5m以上の火山灰質粘性土(いわゆるローム層)に覆われるものをローム台地とした．これは従来の編年的な台地の区分とは異なるが，地盤の工学的な性質に注目したものである．

(4) 低地

防災的な見地から，低地はかなり詳細な区分とした．山地・丘陵地・台地部に分布する河川沿いの狭長な低地を「谷底低地」として独立させ，それ以外の広い沖積低地を「扇状地」，「後背湿地」，「三角州・海岸低地」に区分した．さらに，基準地域メッシュの半分以上の範囲を基準として，「自然堤

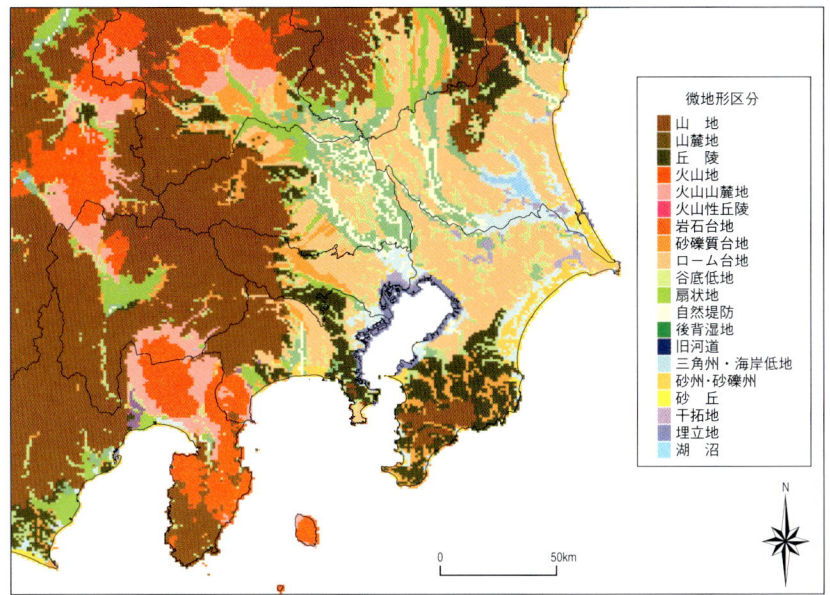

図1.3 本マップによる関東地方主要部の地形分類
Fig. 1.3 Geomorphologic Classification of Kanto District in the JEGM

防」,「旧河道」,「砂州・砂礫州」,「砂丘」に区別した．また,「干拓地」と「埋立地」を区別した．これら低地の微地形の区分は,国土地理院の土地条件図や,大矢雅彦らによる水害地形分類図[27]で用いられているものである．

図1.2は,関東地方主要部の地形分類を,国土数値情報の主分類にしたがって表示したものである．一般的な地形分類[28]では,河川下流部のいわゆる三角州（デルタ）,河川中流部の後背湿地と自然堤防,台地の谷間に分布する谷底低地などと分類されるべき地域が,「三角州性低地」と一括して区分されており,微地形的特性や地盤特性の違いを十分に表す分類ではないことがわかる．また,一続きの地形面が県境で異なる区分となっているところもある．

一方,図1.3は,本マップによる上記地域の地形分類である．河川河口部や海岸部の軟弱な砂ないし粘性土地盤からなる土地は「三角州・海岸低地」,中流部の河川沿いの砂質微高地は「自然堤防」,その背後の軟弱な粘性土からなる土地は「後背湿地」,上流部の砂礫からなる土地は「扇状地」,また,台地,丘陵,山地間の狭長な沖積低地は「谷底低地」と分類されており,国土

3．日本の地形・地盤デジタルマップの作成方法と特徴——15

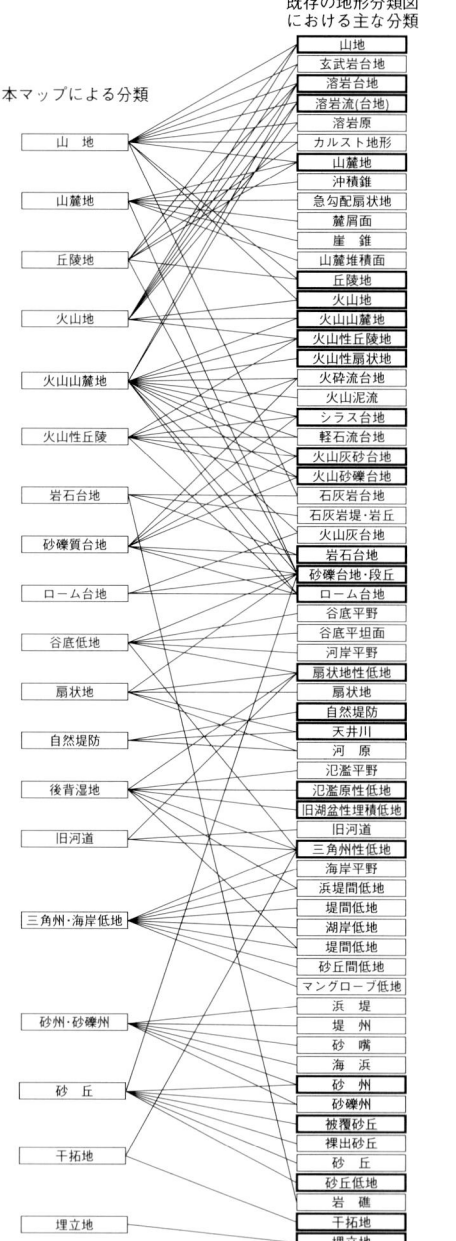

図1.4 本マップと既存の地形分類図の分類との対応

Fig. 1.4 Correspondence between classification in the JEGM and in existing maps

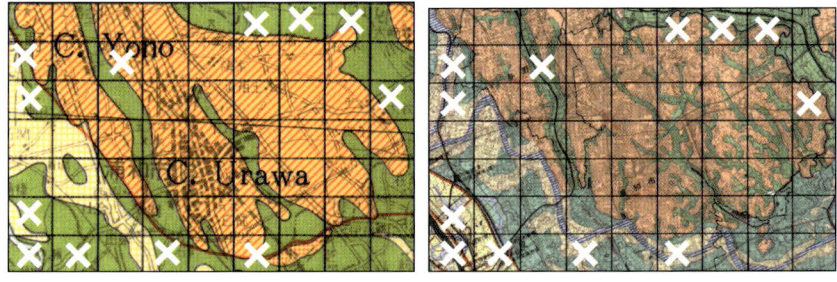

(a) 1/20万地形分類図[12]　　　(b) 1/5万地形分類図[29]

図1.5　原図となる地形分類図の縮尺が1/20万と1/5万の場合の比較(×印は本文参照)
Fig. 1.5　Effect of scale of base map on accuracy and quality of digitized map with 1× 1-km grid cell

数値情報に比べて表層地盤条件の違いがきめ細かく表現されている．たとえば，**図1.3**では，埼玉県東部の中川低地は「後背湿地」，神奈川県西部の小田原付近は「扇状地」，神奈川県中央部の相模野台地は「ローム台地」であるなど，本地域における地形分類の通説とも整合する分類結果となっている．

図1.4に本マップによる地形分類と既存の地形分類図[9),12),13)]の主な分類との対応関係を示す．本マップによる地形分類は，前述のように地形分類基準の標準化を図っていることから，既存の地形分類図におけるローカルな微地形区分については，地域ごとの分類基準や名称の不一致を解消した．たとえば，国土数値情報で沖縄県や山口県にのみ存在する「石灰岩台地」は，石灰岩よりなる山地の小起伏部(山口県)，隆起サンゴ礁段丘(沖縄県)など，それぞれの地形の成因を考慮して，前者は「山地」，後者は「岩石台地」に分類した．静岡県や山口県などに存在する「溶岩台地」や「溶岩流台地」は，「火山」あるいは「火山山麓地」とし，地質が第四紀より前の場合は「山地」と分類した．

国土数値情報で「火山砂礫台地」(鹿児島県)，「火山灰砂台地」(福井県)，「シラス台地」(宮崎県)などと県により異なる名称で分類されている表層が火砕流堆積物からなる地形は，地表部に広い平坦面を持つものを「火山山麓地」と分類し，侵食が進み平坦面が少なく起伏に富むものを「火山性丘陵」とした．また，火砕流の二次堆積物(砂礫)からなるものは，「砂礫台地」と分類した．

砂丘は，前述のように，砂州や砂礫台地を基盤としてその上に形成される．このため，これまでの地形分類図では，地形の調査者の判断で基盤の地形を重視して「砂州」「砂礫台地」と分類されている場合もあれば，表層の地形や堆積物を重視して「砂丘」と分類される場合もある．また同じ砂丘でも，植生の有無により「被覆砂丘」，「裸出砂丘」と区分されている場合もある．本マップでは，基盤の地形や植生の有無に関わらず，表層に5m程度以上の厚い砂丘砂(風成砂)がのるものを「砂丘」として分類した．

3.3 地形分類の精度

メッシュデータの精度はメッシュサイズのみならず，その元データである領域表示の地図の縮尺と精度に大きく依存する．たとえば，前述の数値地質図[20]は，元データが100万分の1地質図であるため，この地質境界線と，5万分の1地質図における境界線との間には，精度上数百m〜数kmのずれを生じる場合がある．

国土数値情報の地形分類など土地分類メッシュデータは，縮尺1/20万の領域表示の土地分類図(東京都，神奈川県など5都府県では縮尺1/10万または1/12.5万)[12]を元に数値化している．これに対して本マップは，日本全国について縮尺1/5万の地形図上で地形分類と地形境界を決定して精度の向上を図った．**図1.5**に，元の縮尺が1/20万と1/5万の地形分類図を，両者が同じ縮尺となるよう調整して示した．後者の方が微地形の分布をより細かく表現していることがわかる．図中には1km四方の基準地域メッシュをオーバーレイしているが，両図の各メッシュに割り振られる属性は，図中×印のメッシュ(全メッシュの約20％)で一致していない．このことは，縮尺が大きい(縮尺1/5万)地形分類図を元にした方が，1kmメッシュの属性や地形境界をより実際に近い形で表現できることを示唆している．

地形分類データ作成に際しては，既存の地形分類図および論文を参考にし，最終的には**表1.4**に示した分類規準にしたがって各メッシュに与えられる地形分類の属性を決定した．一つのメッシュ内に複数の微地形区分が存在する場合は，原則としてメッシュ内で最も広い面積をしめる微地形区分をそのメッシュの属性として与えた．両側を山地や丘陵等で挟まれた谷底低地のみ，

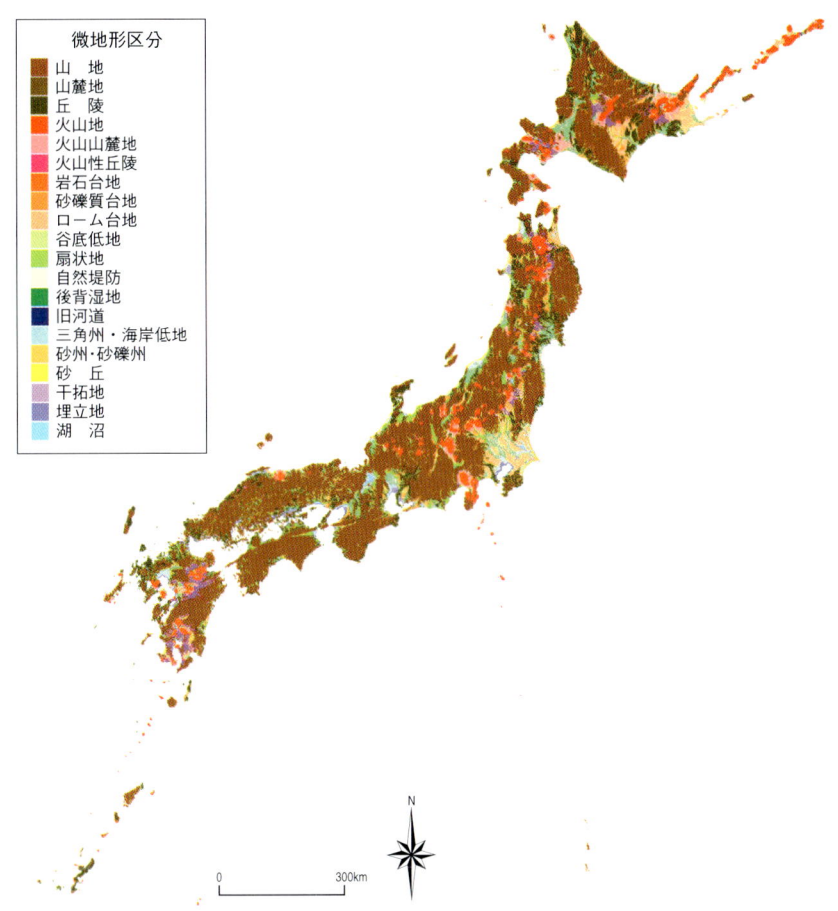

図1.6(a)　日本の地形・地盤デジタルマップの主要な属性の画像—地形分類データ
Fig. 1.6　Major attributes of the Japan Engineering Geomorphologic Classification Map (JEGM). (a) Geomorphologic classification.

　人間活動が山地や丘陵斜面より谷底低地に集中することを考慮して，メッシュ内の谷底低地の占める割合が1/3程度以上の場合は「谷底低地」と区分した．またメッシュ内の大部分が河川や海などの水域の場合でも，属性としては陸域の微地形区分を与えた．

　埋立地については，最新の海岸線データ[30]を用いて抽出し，次に各メッシ

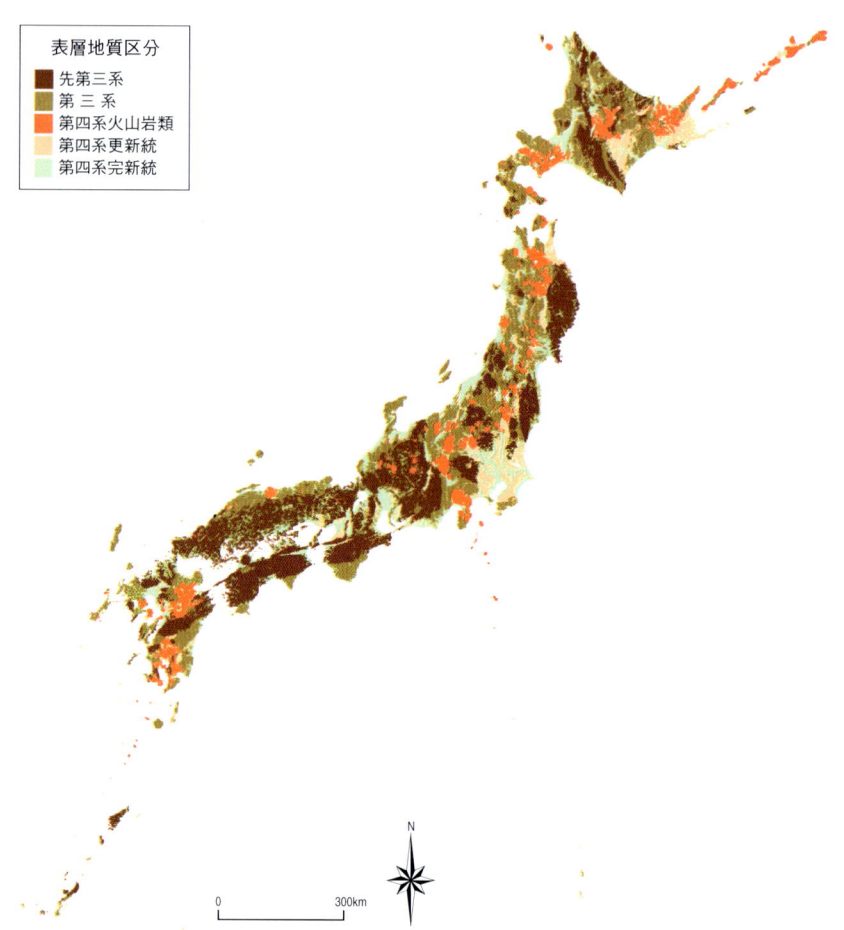

図1.6(b) 日本の地形・地盤デジタルマップの主要な属性の画像―表層地質データ
Fig. 1.6 Major attributes of the Japan Engineering Geomorphologic Classification Map (JEGM) (continued). (b) Geologic age.

ュについて最新版の地形図等と目視で照合することにより,新規に陸化された地域を確認した.以上の方法で作成した地形分類データを図1.6(a)に示す.

なお,本デジタルマップの作成対象地域のうち,北方四島(歯舞諸島,色丹島,択捉島,国後島)については,参考資料が皆無に近いため,主として数値地質図[20]と国土地理院発行の1/5万地形図に基づき地形分類を行った.

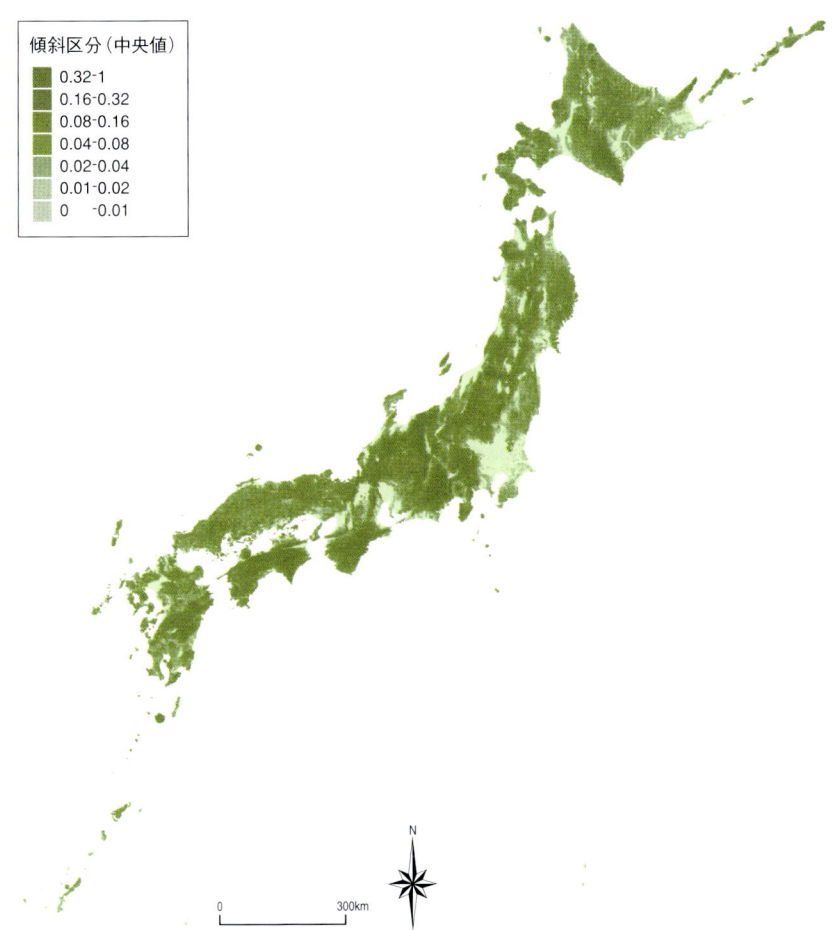

図1.6(c) 日本の地形・地盤デジタルマップの主要な属性の画像―傾斜データ
Fig. 1.6 Major attributes of the Japan Engineering Geomorphologic Classification Map (JEGM) (continued). (c) Slope angle.

3.4 表層地質データの作成

　山地・丘陵地地域における岩石の硬軟のめやすを表すデータとして，表層地質データを作成した．表層地質は，「先第三系」（古第三紀よりも前の地層），「第三系」（古第三紀および新第三紀の地層），「第四系火山岩類」，「第四

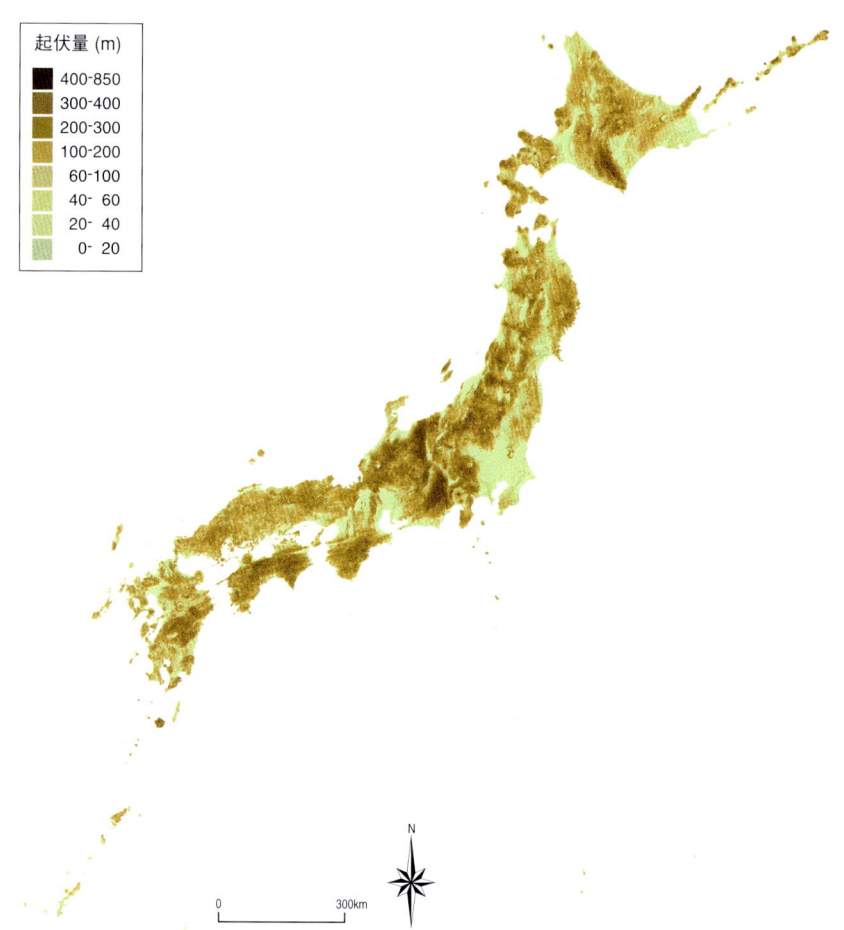

図1.6(d) 日本の地形・地盤デジタルマップの主要な属性の画像―起伏量データ
Fig. 1.6 Major attributes of the Japan Engineering Geomorphologic Classification Map (JEGM) (continued). (d) Relative slope.

系更新統」(いわゆる洪積層),「第四系完新統」(いわゆる沖積層の上部)の5種類に分類を行った(p.24の注参照).上記の表層地質は,まず数値地質図[20]に含まれる250mメッシュ形式データを用いて,1kmメッシュに該当する250mメッシュ16個分の表層地質のうち,最も面積の大きい時代区分を,対象とする1kmメッシュの属性とした.しかし,数値地質図は原図の縮尺が1/100万

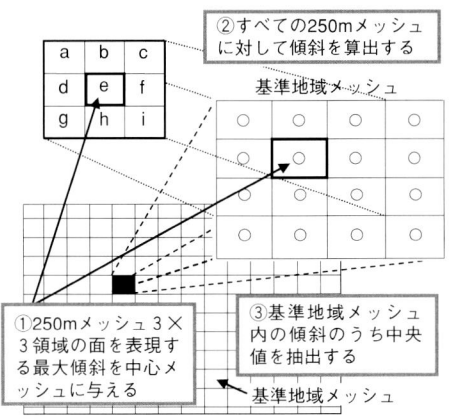

図 1.7　メッシュ傾斜の計算手順
Fig. 1.7　Procedure for calculation of slope angle per 1×1 km grid cell

であるため，前述のように地質境界線の精度がきわめて低く，1/5万の地形分類図をもとに作成した地形分類メッシュ地図と重ね合わせると，地形分類と表層地質の対応に不整合が生じる．このため，1/5万～1/20万分の地質図等を用いて地質境界部分を目視・手作業で修正し，図1.6(b)の表層地質データを完成させた．

3.5　傾斜および起伏量データの作成

斜面の形状を表す地形量には様々のものがあるが，一般的なものとして標高の高低差から計算される「起伏量」や，その起伏量を水平距離で除した「起伏量比」などがある．しかし，この起伏量比は従来流域(集水域)を単位として計算され，流域の河川勾配を意味する指標として使われることが多い．これをメッシュ単位で評価することによって，その基本的な意味合いが薄れることも懸念された．そこでより多くの分野で利用できるメッシュ単位の傾斜と起伏量を採用することにした．

メッシュ単位の傾斜は，数値地図250mメッシュ標高[31]を用いて，図1.7に示す3段階の処理によって算出した．すなわち，①沖村ほか[32]の手法に従い，250mメッシュ標高のデータを3×3メッシュで取り出し，その中心メッシュを対象として，その分布を最もよく表現する平面を最小二乗法により求め，その面の傾斜を算出する．②すべての250mメッシュに対して傾斜を算出する．③基準地域メッシュ内に含まれる250mメッシュの傾斜の中央値を算出

し，その値を基準地域メッシュでの傾斜(正接)とする．この値を図1.6(c)に示す「メッシュ傾斜」とした．なお，メッシュ単位の傾斜の平均値を数値地図50mメッシュ標高[33]を用いて算出した起伏量比と比較したところ，両者の間には高い相関が認められた[34]．

メッシュ起伏量については，数値地図250mメッシュ標高[31]を用いて，1kmメッシュ内における最高標高と最低標高を抽出し，その差を図1.6(d)に示す「メッシュ起伏量」とした．

注　地質年代と地層の区分

本書における地質年代と地層の区分は，以下を用いる．「紀」・「世」は時代を，「系」・「統」は地層を指す．

第四系：　新生代第四紀(およそ200万年前～現在)の地層．第四紀は更新世(およそ200万～1万年前)と完新世(およそ1万年前以降)に細分される．それぞれの地層は「更新統」・「完新統」と呼ぶ．

第三系：　新生代古第三紀(およそ6500万～2300万年前)と新第三紀(およそ2300万～200万年前)をあわせた時代の地層．

先第三系：　古第三紀より古い時代(およそ6500万年前以前；中生代以前)の地層．

第1部の参考文献

1）消防庁：阪神・淡路大震災について(第106報)，http://www.fdma.go.jp/html/infor/070117 hansinawaji.PDF，2002．
2）気象庁編：平成9年度版今日の気象業務，1977．
3）防災科学技術研究所：強震観測網 K-NET，http://www.k-net.bosai.go.jp/
4）防災科学技術研究所：基盤強震観測網 KiK-net，http://www.kik.bosai.go.jp/kik/
5）菊池正幸：大都市における高密度強震計ネットワーク，科学，Vol.66，No.12，pp.841-844，1996．
6）桐山孝晴：わが国におけるリアルタイム地震防災システムのあり方，第2回リアルタイム地震防災シンポジウム論文集，pp.107-112，2000．
7）座間信作，細川直史：簡易型地震被害想定システムの開発，消防研究所報告，82，pp.26-33，1996．
8）座間信作，遠藤　真，細川直史，畑山　健：簡易型地震被害想定システムの改良，消防研究所報告，90，pp.1-10，2000．
9）国土庁計画・調整局：国土情報シリーズ8，国土数値情報(改訂版)，大蔵省印刷局，1992．

10) 国土交通省：国土数値情報, http://nlftp.mlit.go.jp/ksj/
11) たとえば, 翠川三郎, 松岡昌志：国土数値情報を利用した地震ハザードの総合的評価, 物理探査, Vol.48, No.9, pp.519-529, 1995.
12) 経済企画庁総合開発局：土地分類図(全47巻), 1967～1978.
13) 経済企画庁, 都道府県：5万分の1土地分類基本調査成果図, 国土交通省, http://tochi.mlit.go.jp/tockok/tochimizu/catalog.html
14) 若松加寿江, 松岡昌志, 久保純子, 長谷川浩一, 杉浦正美：全国地形・地盤デジタルマップの構築とK-NET, KiK-net観測点の微地形特性, 第11回日本地震工学シンポジウム, pp.47-52, 2002.
15) 若松加寿江, 松岡昌志, 久保純子, 長谷川浩一, 杉浦正美：日本全国地形・地盤分類メッシュマップの構築, 土木学会論文集, No.759/I-67, pp.213-232, 2004.
16) 久保純子, 若松加寿江：日本全国地形地盤分類メッシュマップ構築のための既存データの収集と問題点, 早稲田大学大学院教育学研究科紀要, No.14, pp.53-71, 2004.
17) 松岡昌志, 若松加寿江, 藤本一雄, 翠川三郎：日本全国地形・地盤分類メッシュマップを利用した地盤の平均S波速度分布の推定, 土木学会論文集, No.794/I-72, pp.239-251, 2005.
18) 長谷川浩一, 若松加寿江, 松岡昌志：ダム堆砂データに基づく日本全国の潜在的侵食速度分布, 自然災害科学, Vol.24, No.3, 2005 (印刷中).
19) たとえば, 静岡県：地震対策資料(ボーリング) No.18, 1982.
20) 地質調査所(編)：100万分の1日本地質図第3版, CD-ROM版, 数値地図 G-1, 1995.
21) 日本地図センター：数値地図ユーザーズガイド(第2版補訂版), 1998.
22) 国土調査研究会編：土地・水情報の基礎と応用, 古今書院, 300 p., 1992.
23) 鈴木隆介：建設技術者のための地形図読図入門, 2巻 低地, 古今書院, pp.202-554, 1998.
24) 防災科学技術研究所 地震, 火山防災室：Kyoshin Net 強震データ(平成8年)土質データ, CD-ROM, 1997.
25) 地域メッシュ統計：総務省統計局, http://www.stat.go.jp/data/mesha/
26) 日本火山学会：日本の第四紀火山カタログ, 日本火山学会, CD-ROM, 1999.
27) 大矢雅彦：アトラス水害地形分類図, 早稲田大学出版部, 128 p., 1993.
28) 大矢雅彦, 丸山裕一, 海津正倫, 春山成子, 平井幸弘, 熊木洋太, 長澤良太, 杉浦正美, 久保純子, 岩橋純子, 長谷川 奏, 大倉 博：地形分類図の読み方・作り方 改訂増補版, 古今書院, 137 p., 2002.
29) 大矢雅彦, 高山 一, 久保純子：荒川流域地形分類図, 建設省関東地方建設局荒川上流工事事務所, 1996.
30) 国土地理院：数値地図25000(行政・海岸線)平成12年版, 2001.
31) 国土地理院：数値地図250mメッシュ(標高), 1997.
32) 沖村 孝, 吉永秀一郎, 鳥井良一：地形特性値と地形区分, 表土層厚の関係－仙台入菅谷地区を例として－, 土地造成工学研究施設報告, Vol.9, pp.19-39, 1991.
33) 国土地理院：数値地図50mメッシュ(標高) 1997.
34) 長谷川浩一, 杉浦正美, 松岡昌志, 久保純子, 若松加寿江：地形・地盤ディジタルマップの活用事例－山地における生産土砂量の推定－, 第37回地盤工学研究発表会, pp.2285-2286, 2002.

日本の地形・地盤デジタルマップ作成の参考資料

(1) 経済企画庁総合開発局：1/20万土地分類調査(地形分類図・表層地質図)，全47巻，1967～1978．

(2) 1/5万土地分類調査(地形分類図・表層地質図)
1) 経済企画庁：「中標津」，「糠内」，「浜頓別」，「士別」，「恵庭」，「白老」，「江差」，「江別」，「八戸」，「水沢」，「秋田」，「雫石」，「仙台」，「郡山」，「白河」，「湯殿山」，「水戸」，「八日市場」，「宇都宮」，「前橋」，「寄居」，「青梅」，「藤沢」，「金沢」，「長岡」，「石動」，「福井」，「鰍沢」，「飯田」，「長野」，「長浜」，「美濃加茂」，「磐田」，「掛塚」，「豊田」，「四日市」，「五條」，「京都西南部」，「龍野」，「米子」，「津山西部」，「三次」，「防府」，「川島」，「丸亀」，「西条」，「高知」，「富岡」，「佐賀」，「諫早」，「熊本」，「宇佐」，「宮崎」，「鹿野屋」，「志布志」，「名護」，1956～1974．
2) 北海道：「大沼公園」，1999．
3) 青森県：「平沼」，「近川」，「陸奥横浜」，「尻屋崎」，「大畑」，「むつ」，「弘前」，「黒石」，「三沢」，「青森西部」，「青森東部」，「油川」，「浅虫」，「五所川原」，「鰺ヶ沢」，「十和田」，「野辺地」，「七戸」，「龍飛崎・蟹田」，「金木」，「小泊」，「八戸東部・階上岳」，「三戸・一戸」，「田子・浄法寺」，「深浦・岩館」，「陸奥川内・脇野沢」，「大間・佐井」，「八甲田山」，1965～2000．
4) 岩手県：「元木」，「外山」，「土淵」，「遠野」，「人首」，「陸中大野」，「一戸」，「葛巻」，「大迫」，「早池峰山」，「陸中関」，「門」，「大川」，「川井」，「陸中大原」，「岩泉」，「田老」，「盛」，「宮古・鮭ヶ崎」，「荒屋」，「沼宮内」，「千厩」，「日詰」，「大槌・霞露ヶ岳」，「久慈」，「陸中野田」，「花巻」，「北上」，「釜石」，「綾里」，「三戸・階上岳」，「盛岡」，「一関」，「横手」，「浄法寺」，「新町」，「栗駒山」，「花輪・田山」，「鶯宿」，「川尻」，「六郷・角館」，「焼石岳」，「八幡平」，「若柳」，「志津川」，「気仙沼」，1968～1976．
5) 宮城県：「吉岡」，「松島」，「古川」，「石巻・寄磯・金華山」，「塩竈・岩沼」，「白石」，「若柳・一関」，「川崎・山形」，「角田」，「保原」，「涌谷」，「登米・大須」，「岩ヶ崎」，「栗駒山・秋ノ宮」，「鳴子・薬莱山」，「関山峠」，「志津川」，「津谷・気仙沼」，「上山・関」，「桑折・相馬中村」，1980～1998．
6) 秋田県：「雫石」，「五城目」，「船川・戸賀」，「羽後和田」，「横手」，「大曲」，「米内沢」，「浅舞」，「刈和野」，「湯沢」，「本荘」，「矢島」，「能代」，「森岳・羽後浜田」，「大館」，「鷹巣」，「焼石岳・稲庭」，「六郷」，「角館・鶯宿」，「田沢湖」，「森吉山」，「八幡平」，「大葛」，「花輪」，「田山」，「太平山」，「阿仁合」，1974～2000．
7) 山形県：「酒田」，「鶴岡」，「新庄」，「尾花沢」，「楯岡」，「山形」，「上山・赤湯」，「荒砥」，「米沢・関」，「左沢」，「清川」，「小国・手ノ子」，「三瀬・温海」，「玉庭・熱塩」，「月山」，「吹浦・鳥海山」，「大沢」，「湯沢・羽前金山・秋ノ宮」，「勝木・大鳥池」，「鳴子・薬莱山」，1979～1999．
8) 福島県：「猪苗代湖」，「若松」，「喜多方」，「磐梯山」，「田島」，「宮下」，「針生」，「糸沢」，「福島」，「二本松」，「須賀川」，「棚倉」，「長沼」，「保原」，「川俣」，「相馬中村」，「原町・大甕」，「浪江・磐城富岡」，「川前・井出」，「平」，「小名浜」，「常葉」，「小野新町」，「竹貫」，「塙・大田原・川部・大子・高萩」，「関・桑折」，「白河・那須岳」，「吾妻山」，1973～2001．
9) 茨城県：「野田」，「石岡」，「真壁」，「土浦」，「玉造」，「水海道」，「小山・古河」，「龍ヶ崎」，「佐原」，「潮来・八日市場・銚子」，「磯浜」，「鉾田」，「那珂湊」，「真岡・壬生」，「日

立」, 1980〜1995.

10) 栃木県：「壬生」,「矢板」,「深谷・古河・小山」,「栃木」,「烏山・常陸大宮」,「大田原・塙」,「真岡」,「喜連川・大子」,「日光」,「鹿沼」,「塩原」,「白河・棚倉」,「那須岳」, 1984〜1996.

11) 群馬県：「深谷」,「高崎」,「富岡」,「万場・寄居」,「御代田」,「古河」,「桐生及足利」,「軽井沢」,「草津」,「沼田」,「十石峠・金峰山」,「追貝」, 1992〜2002.

12) 埼玉県：「川越」,「大宮」,「熊谷」,「鴻巣」,「秩父」,「万場・十石峠」,「三峰・金峰山」,「高崎・深谷」,「古河」,「野田」,「水海道・東京東北部・東京西北部」, 1972〜1980.

13) 千葉県：「館山」,「鴨川」,「那古」,「上総大原・勝浦」,「茂原」,「大多喜」,「富津」,「東金・木戸」,「姉崎・木更津」,「野田」,「水海道」,「千葉」,「佐倉」,「成田」,「龍ヶ崎・佐原・潮来」,「銚子」,「東京東北部・東京東南部」,「八日市場」, 1971〜1987.

14) 東京都：「大島」,「利島・新島・神津島・三宅島・御蔵島」,「八丈島・青ヶ島」,「父島・母島」,「秩父・五日市・三峰・丹波」,「八王子・藤沢・上野原」,「川越・青梅」,「東京西南部」,「東京西北部」,「東京東北部・東京東南部」, 1989〜2000.

15) 神奈川県：「横須賀・三崎」,「平塚・藤沢」,「小田原・熱海・御殿場」,「八王子」,「上野原・五日市」,「秦野・山中湖」,「横浜・東京西南部・東京東南部・木更津」, 1986〜1991.

16) 新潟県：「中条」,「新発田」,「新潟」,「弥彦・内野」,「新津」,「三条」,「小千谷」,「十日町」,「柿崎」,「高田東部」,「高田西部」,「糸魚川」,「加茂」,「津川」,「松之山温泉」,「岡野町」,「柏崎・出雲崎」,「村上」,「笹川・粟島笹川・粟島」,「塩野町」,「温海・勝木」, 1972〜1992.

17) 富山県：「八尾」,「五百石」,「城端」,「魚津」,「富山」,「氷見・虻ガ島」,「三日市・泊」,「下梨・白川村」,「白木峰・飛騨古川」,「有峰湖」,「立山・大町」,「槍ヶ岳」,「黒部・白馬岳」, 1980〜1993.

18) 石川県：「氷見」,「城端」,「七尾・小口瀬戸・虻ガ島」,「津幡」,「小松」,「鶴来」,「大聖寺・三国・永平寺」,「穴水・剣地・富来」,「輪島」,「宝立山・能登飯田・珠洲岬」,「宇出津」,「白峰・白川村・下梨」,「越前勝山・白山」, 1982〜1999.

19) 福井県：「三国」,「鯖江・梅浦」,「敦賀」,「竹生島」,「今庄・竹波」,「大聖寺」,「冠山・横山・永平寺」,「越前勝山・白山」,「大野」, 1983〜1996.

20) 山梨県：「富士山」,「山中湖・秦野」,「甲府」,「御岳昇仙峡」,「韮崎・市野瀬」,「都留」,「上野原・五日市」,「身延・赤石岳」,「丹波・三峰」,「南部・富士宮・清水」,「八ヶ岳・金峰山・高遠」,「大河原・鰍沢」, 1981〜1993.

21) 長野県：「飯田」,「長野」,「松本」,「坂城」,「和田」,「小諸」,「上田」,「塩尻」,「諏訪」,「蓼科山・八ヶ岳」,「伊那」, 1988〜2000.

22) 岐阜県：「大垣」,「岐阜」,「彦根東部・津島・桑名」,「瀬戸・明智・根羽」,「恵那・中津川」,「付知・妻籠」,「金山」,「加子母・上松」,「美濃」,「谷汲」,「横山」,「八幡八幡」,「下呂」,「冠山・能郷白山」,「高山・乗鞍岳」,「御嶽山・木曽福島」, 1983〜1999.

23) 静岡県：「浜松」,「掛川・御前崎」,「静岡・住吉」,「清水」,「吉原・駒越」,「沼津」,「御殿場」,「富士宮」,「修善寺」,「家山」,「下田・神子元島」,「伊東・稲取」,「熱海・小田原」,「天竜」,「三河大野・豊橋・田口」,「千頭」,「佐久間」,「富士山・山中湖・秦野・小田原」,「南部」,「井川」,「満島」,「赤石岳・身延・大河原・鰍沢」, 1972〜1994.

24) 愛知県：「岡崎」,「御油」,「半田」,「三河大野」,「足助」,「田口・佐久間田口」,「岐阜・美濃加茂・瀬戸」,「豊橋・田原」,「桑名・名古屋南部」,「津島・名古屋北部」,「伊良湖岬」,「師崎・蒲郡」,「明智・根羽・満島」, 1976〜1989.

25) 三重県:「桑名・名古屋南部」,「津東部・津西部」,「松阪」,「答志・鳥羽・波切」,「伊勢」,「贄浦」,「長島」,「十津川・木本・新宮・阿田和」,「尾鷲・島勝浦」, 1988〜1995.
26) 滋賀県:「彦根西部」,「近江八幡」,「京都東南部・京都東北部」,「北小松」,「水口・上野」,「彦根東部」,「竹生島」,「西津・熊川」,「御在所山」,「亀山」,「今生・冠山・敦賀・横山」, 1982〜1992.
27) 京都府:「京都西北部」,「大阪東北部・奈良・上野」,「京都東北部・京都東南部・水口」,「園部・広根」,「綾部」,「四ツ谷・小浜・北小松・熊川」,「福知山・但馬竹田・篠山」, 1981〜1987.
28) 大阪府:同上,「尾崎・岸和田・和歌山・粉河」,「大阪西北部・大阪東北部」,「大阪西南部・大阪東南部」,「園部・広根」, 1976〜1980.
29) 兵庫県:「篠山」,「須磨・明石・洲本」,「由良・鳴門海峡」,「三田」,「北条」,「生野」,「山崎」,「佐用・坂根」,「上郡」,「高砂」,「姫路・播州赤穂・寒霞渓・坊勢島」,「広根」,「園部・綾部」,「福知山」,「大屋市場」,「神戸」,「大阪西北部」,「但馬竹田」,「大江山・出石」, 1982〜2001.
30) 奈良県:「桜井」,「奈良・大阪東北部・大阪東南部」,「吉野山」,「上野・名張」,「山上ヶ岳」,「高見山・大台ヶ原山」,「伯母子岳」,「龍神・十津川」,「釈迦ヶ岳・尾鷲」,「五條・高野山」, 1984〜1995.
31) 和歌山県:「粉河」,「海南」,「和歌山」,「御坊」,「田辺・印南」,「新宮・阿田和」,「高野山・五條」,「那智勝浦・串本」,「江住・田並・周参見」,「勤木・伯母子岳」,「川原河」,「栗栖川」,「龍神・十津川・木本・釈迦ヶ岳・尾鷲」, 1975〜1989.
32) 鳥取県:「赤碕・大山」,「青谷・倉吉」,「鳥取北部・鳥取南部」,「浜坂」,「若桜・村岡」,「根雨・湯本」,「智頭・湯本」,「奥津」,「坂根・大屋市場」,「横田・多里・上石見」, 1974〜1981.
33) 島根県:「恵曇・今市」,「大社」,「松江」,「益田・飯浦」,「日原・須佐」,「江津・浜田」,「温泉津」,「川本・大朝」,「木次」,「横田・根雨」,「石見大田・大浦」,「津田」,「西郷」,「美保関・境港」,「三瓶山」,「赤名・上布野・八重」,「頓原・多里」,「木都賀」,「三段峡」,「津和野・鹿野・徳佐中」, 1973〜1990.
34) 岡山県:「玉野」,「福渡」,「岡山北部」,「砦部」,「高梁」,「西大寺」,「岡山南部」,「勝山」,「津山東部」,「和気・播州赤穂」,「周匝・上郡」,「玉島・福山・寄島・仁尾」,「井原・油木」,「新見」,「上石見・根雨」,「大山・湯本」,「倉吉・奥津」,「智頭・鳥取南部」,「坂根・佐用」, 1976〜1991.
35) 広島県:「海田市」,「庄原」,「大竹」,「津田」,「広島」,「乃美」,「厳島」,「府中」,「尾道・土生」,「可部」,「竹原」,「呉」,「福山・魚島」,「加計」,「井原」,「三津・今治西部」,「木都賀・三段峡」,「上下」,「大朝」,「八重」,「赤名・上布野」,「頓原・多里」,「上石見・新見・油木」,「柱島・倉橋島」, 1977〜1998.
36) 山口県:「小郡」,「宇部東部」,「厚狭」,「宇部」,「西市」,「小串」,「安岡」,「山口」,「阿川・仙崎」,「萩・相島・見島」,「須佐・飯浦」,「徳佐中・津和野」,「長門峡」,「大竹」,「柳井・室津・青島」,「徳山・光・祝島」,「久賀・柱島」,「岩国」,「鹿野」,「津田・厳島・小倉・野島」, 1973〜1979.
37) 徳島県:「川島」,「池田」,「甲浦」,「脇町」,「日和佐」,「阿波富岡」,「桜谷」,「剣山」,「雲早山」,「川口」,「北川」,「鳴門海峡」,「鳴門海峡」,「徳島」,「伊予三島」, 1972〜1988.
38) 香川県:同上,「観音寺」,「池田」,「三本松」,「高松南部」,「高松・草壁・西大寺・寒霞渓」,「仁尾」,「寄島」,「玉野」,「脇町」, 1972〜1976.

39) 愛媛県：「大洲」，「伊予長浜」，「卯之町」，「八幡浜」，「宇和島」，「伊予高山」，「久万」，「郡中」，「伊予三崎」，「松山南部」，「松山北部」，「三津浜」，「伊予鹿島」，「宿毛」，「岩松」，「魚神山」，「新居浜」，「田野々」，「今治東部・今治西部」，「橘原」，「土生・三津」，「石鎚山」，「伊予三島」，1972～1982．

40) 高知県：「宿毛」，「土佐中村」，「大用」，「岩松」，「土佐佐賀」，「田野々」，「橘原」，「窪川」，「一子搭」，「須崎」，「新田」，「上土居」，「柏島・土佐清水」，「奈半利・室戸岬」，「石鎚山」，「馬路」，「手結・安芸」，「伊野」，「大栃」，「日比原日比原」，「本山・伊予三島・土佐長浜」，1975～1988．

41) 福岡県：「行橋・簔島」，「中津」，「小倉」，「後藤寺」，「折尾」，「直方」，「甘木」，「久留米」，「太宰府」，「福岡・津屋崎・神湊」，「前原・玄界島」，「吉井」，「日田・八方ヶ岳」，「大牟田・山鹿・荒尾」，1971～1987．

42) 佐賀県：「武雄」，「呼子・唐津・二神島」，「伊万里」，「鹿島」，「背振山」，「浜崎」，「甘木」，1970～1979．

43) 長崎県：「大村」，「長崎」，「肥前小浜」，「平戸」，「佐世保」，「佐世保南部」，「野母崎」，「早岐」，「神浦」，「島原・荒尾」，「口之津・三角」，「生月・志々伎」，「勝本」，「三井楽・福江・玉之浦・富江・男島及び女島」，「有川・漁生浦・佐尾」，「肥前江ノ島・小値賀島立串・肥前赤島」，「厳原・仁位」，「三根・佐須奈」，1974～1987．

44) 熊本県：「高瀬」，「頭地」，「菊池」，「人吉」，「御船」，「砥用」，「砥用」，「八代」，「日奈久」，「水俣・出水」，「佐敷・大口」，「三角・教良木」，「本渡・口之津・高浜」，「高森・三田井」，「阿蘇山・竹田」，「山鹿・荒尾・大牟田・久留米山鹿・荒尾・大牟田・久留米」，「八方ヶ岳」，「日田・森・宮原」，「牛深・魚貫崎・阿久根」，「村所・須木・加久藤」，1973～2000．

45) 大分県：「森」，「別府」，「豊岡」，「久住」，「犬飼」，「鶴川・姫島」，「豊後杵築」，「竹田」，「大分・佐賀関」，「白杵・保戸島」，「日田」，「吉井」，「耶馬渓」，「佐伯・鶴御崎」，「蒲江」，「三重町」，「熊田・三田井」，「宮原・阿蘇山・八方ヶ岳」，1972～2000．

46) 宮崎県：「都城」，「野尻」，「妻・高鍋」，「都農」，「日向」，「延岡・島浦」，「日向青島」，「飫肥」，「都井岬」，「末吉」，「蒲江」，「霧島山」，「加久藤・大口」，「尾鈴山」，「村所」，1981～2000．

47) 鹿児島県：「鹿屋・志布志」，「末吉」，「岩川」，「内之浦」，「国分」，「加治木」，「鹿児島」，「垂水」，「川内」，「伊集院」，「西方」，「羽島」，「大根占」，「辺塚」，「開聞岳」，「佐多岬」，「加世田」，「野間岳」，「枕崎・坊」，「宮之城」，「阿久根」，「霧島山」，「栗野」，「大口」，「加久藤」，「佐敷」，「出水」，「屋久島西南部・屋久島東南部・口永良部島・屋久島西北部・屋久島東北部」，「種子島南部・種子島中部・種子島北部」，「名瀬・赤木名・笠利崎・喜界島」，「山・亀津」，「薩摩黒島・薩摩硫黄島」，「沖永良部島・与論島」，「中甑・手打」，「中之島・諏訪瀬島・宝島」，1972～1987．

48) 沖縄県：「沖縄本島中南部地域」，「宮古地域」，「石垣地域」，「沖縄本島周辺離島」，「西表地域」，「沖縄本島北部及び周辺離島」，「沖縄本島北部1」，「沖縄本島中北部」，「沖縄本島北部」，1983～1991．

(3) 国土地理院：土地条件図

「京都・播磨地域」1964，「三河地域」1965，「名古屋地域」1966，「伊勢湾西部地域」1967，「東京地域」1968，「東京周辺地域(A)」1969，「東京周辺地域(B)」1970，「仙台地域」1971，「仙台北部地域」1972，「中京地域」1973，「秋田湾地域」1973，「鹿児島地域」1974，「岡山地域」1974，「京都地域」1975，「土浦・佐原地域」1976，「富津地域」1976，

「鳥取地域」1977,「富士地域」1977,「銚子・鹿島地域」1977,「古河地域」1978,「静岡地域」1979,「遠州地域」1980,「大阪地域」1981,「琵琶湖地域」1983,「高松地域」1984,「東金・茂原地域」1985,「新潟地域」1986,「水戸・石岡地域」1987,「長岡地域」1988,「八王子地域」1989,「伊東・東海地域」1990,「新潟地域」1991,「宇都宮地域」1993,「和歌山地域」2000.

(4) 水害地形分類図・地形分類図
1) 大矢雅彦：木曽川流域濃尾平野水害地形分類図, 水害地域に関する調査研究第1部附図, 総理府資源調査会資料第46号, 1956.
2) 大矢雅彦：筑後川流域水害地形分類図, 水害地域に関する調査報告 第2部, 筑後川流域における地形と水害型付図, 総理府資源調査会, 1957.
3) 科学技術庁資源局：中川流域低湿地の地形分類と土地利用, 1961.
4) 高崎正義, 大矢雅彦, 長瀬睦子, 菊池カヨ子：有明海北岸低地水害地形分類図, 建設省国土地理院, 1963.
5) 多田文男, 大矢雅彦：九頭竜川流域水害地形分類図, 水害地域に関する調査報告 第7部, 九頭竜川流域における水害地形と土地利用付図, 科学技術庁資源局資料第66号, 1968.
6) 大矢雅彦, 小池邦夫：濃尾平野河川地形図, 建設省中部地方建設局木曽川上流工事事務所, 1976.
7) 大矢雅彦：狩野川流域治水地形分類図, 建設省中部地方建設局沼津工事事務所, 1977.
8) 大矢雅彦, 杉浦成子：矢作川下流平野水害地形分類図, 建設省中部地方建設局豊橋工事事務所, 1977.
9) 大矢雅彦：静清地区水害地形分類図, 建設省土木研究所, 1977.
10) 大矢雅彦, 大森史子：豊川平野治水地形分類図, 建設省中部地方建設局豊橋工事事務所, 1978.
11) 大矢雅彦, 杉浦成子：庄内川治水地形分類図, 建設省中部地方建設局庄内川工事事務所, 1979.
12) 建設省北陸地方建設局北陸技術事務所：新潟平野の微地形分類図, 新潟県平野部の地盤図集(新潟平野編)附図, 北陸建設弘済会, 1981.
13) 北陸農政局計画部：坂井平野の微地形区分, 広域農業開発基本調査九頭竜川水系地区, 1982.
14) 大矢雅彦, 古藤田喜久雄, 若松加寿江, 久保純子：庄内平野水害, 地盤液状化予測地形分類図, 建設省東北地方建設局最上川工事事務所, 1982.
15) 大矢雅彦, 杉浦成子, 平井幸弘：小川原湖周辺地形分類図, 建設省東北地方建設局高瀬川総合開発工事事務所, 1982.
16) 大矢雅彦, 海津正倫, 春山成子, 平井幸弘：網走川水害地形分類図, 北海道開発局網走開発建設部, 1984.
17) 大矢雅彦, 加藤泰彦：阿賀野川水害地形分類図, 建設省北陸地方建設局阿賀野川工事事務所, 1984.
18) 大矢雅彦, 加藤泰彦, 古藤田喜久雄, 若松加寿江, 高木 勲, 松原彰子, 飯田貞夫：黄瀬川流域地形分類図, 建設省中部地方建設局沼津工事事務所, 1985.
19) 大矢雅彦, 加藤泰彦, 春山成子, 平井幸弘, 小林公治, 井上洋一, 忍澤成視：霞ヶ浦・北浦周辺地形分類図, 建設省関東地方建設局霞ヶ浦工事事務所, 1986.

20) 大矢雅彦，春山成子：葛飾区周辺地形分類図，葛飾区教育委員会，1987．
21) 大矢雅彦，松原彰子，久保純子，小寺浩二：相模湾北部沿岸地形分類図，建設省関東地方建設局京浜工事事務所，1991．
22) 大矢雅彦，久保純子：淀川水害地形分類図，建設省近畿地方建設局淀川工事事務所，1993．
23) 久保純子：東京低地水域環境地形分類図，文部省科学研究費重点領域研究「近代化による環境変化の地理情報システム」成果，1993．
24) 大矢雅彦，春山成子：徳島県東部沿岸海底地形分類図(吉野川河口・鳴門海峡)，徳島県，1994．
25) 大矢雅彦，春山成子，平井幸弘，松田明浩：吉野川流域水害地形分類図，建設省四国地方建設局徳島工事事務所，1995．
26) 大矢雅彦，高山　一，久保純子：荒川流域地形分類図，建設省関東地方建設局荒川上流工事事務所，1996．
27) 大矢雅彦，寺戸恒夫，春山成子，平井幸弘，日本建設コンサルタント：那賀川流域水害地形分類図，建設省四国地方建設局徳島工事事務所，1997．

(5) 地質調査所(編)：100万分の1日本地質図第3版，CD-ROM版，数値地図 G-1,1995．

(6) 地質調査所 1/20万地質図幅
「知床岬」1974，「網走」1970，「紋別」1984，「枝幸」1981，「名寄」1990，「稚内」1967，「天塩」1969，「羽幌」1962，「標津」1971，「根室」1975，「斜里」1970，「釧路」1976，「北見」1970，「帯広」1971，「広尾」1971，「旭川」1977，「夕張岳」1996，「浦河」2000，「留萌」1974，「札幌」1980，「苫小牧」1972，「尻屋崎」1972，「野辺地」1964，「八戸」1991，「岩内(第2版)」1991，「室蘭」1983，「函館及び渡島大島」1984，「青森(第2版)」1993，「弘前及び深浦」1978，「久遠」1979，「深浦」1970，「盛岡」1984，「石巻(第2版)」1992，「秋田」1960，「秋田及び男鹿」1980，「新庄」1964，「新庄及び酒田」1988，「仙台」1987，「福島」2003，「男鹿島」1960，「酒田」1964，「村上」1999，「新潟」1985，「相川及び長岡の一部(佐渡島)」1990，「長岡」1986，「水戸(第2版)」2001，「日光」2000，「宇都宮」1991，「高田」1994，「長野」1998，「千葉」1983，「大多喜」1980，「東京」1987，「横須賀」1980，「三宅島」1984，「御蔵島」1987，「八丈島」1990，「甲府」2002，「静岡及び御前崎」1976，「輪島」1962，「富山」1996，「七尾・富山」1967，「高山」1989，「金沢」1999，「飯田(第2版)」1990，「豊橋(第2版)」1972，「伊良湖岬」1957，「岐阜」1992，「名古屋(第2版)」1981，「木本」1991，「宮津」1968，「京都及大阪」1986，「和歌山」1998，「田辺」1982，「鳥取」1974，「姫路」1981，「徳島(第2版)」1995，「剣山」1969，「松江及び大社」1982，「高梁」1996，「岡山及丸亀」2002，「高知」1959，「浜田」1988，「広島」1986，「松山」1957，「宇和島」1989，「大分」1958，「延岡」1981，「福岡」1993，「厳原」1990，「唐津(第2版)」1997，「長崎(第2版)」1989，「野母崎」1977，「福江及び富江」1986，「宮崎」1997，「鹿児島」1997，「奄美大島」1994，「久米島」1993，「宮古島」1978．

(7) 地質調査所 1/5万地質図幅
1) 岡　重文，島津光夫，宇野沢　昭，桂島　茂，垣見俊弘：藤沢地域の地質，地域地質研究報告，1979．

31

2) 秦　光男，瀬良秀良，矢島淳吉：奥尻島北部及び南部地域の地質，地域地質研究報告，1982．
3) 一色直記：神津島地域の地質，地域地質研究報告，1982．
4) 柳沢幸夫，茅原一也，鈴木尉元，植村　武，小玉喜三郎，加藤碵一：十日町地域の地質，地域地質研究報告，1985．
5) 遠藤秀典，鈴木祐一郎：妻及び高鍋地域の地質，地域地質研究報告，1986．
6) 久保和也，柳沢幸夫，吉岡敏和，山元孝広，滝沢文教：原町及び大甕地域の地質，地域地質研究報告，1990．
7) 小林巌雄，立石雅昭，吉岡敏和，島津光夫：長岡地域の地質，地域地質研究報告，1991．
8) 久保和也，柳沢幸夫，吉岡敏和，高橋　浩：浪江及び磐城富岡地域の地質，地域地質研究報告，1994．
9) 杉山雄一，寒川　旭，下川浩一，水野清秀：御前崎地域の地質，地域地質研究報告，1988．

(8) 県別地質図
1) 青森県(北村　信，中川久夫，岩井武彦，多田元彦編集)：青森県地質図(1：200,000)，内外地図，1972．
2) 秋田県鉱務課(上田良一編集)：秋田県地質鉱産図(1：200,000)，秋田県鉱産知識普及会，1975．
3) 長谷地質調査所(小貫義男，北村信，中川久夫，長谷弘太郎編集)：北上川流域地質図(二十万分の一)，内外地図，1980．
4) 宮城県中小企業課(北村　信編集)：宮城県地質図(1：200,000)，内外地図，1967．
5) 山形県鉱業課(神保　悳編集)：山形県地質図　二十万分の一(新訂版)，1965．
6) 福島県(渡辺万次郎，鈴木簾三九，竹内常彦，河野義礼，牛来正夫，大森昌衛，三本杉己代治，鈴木敬治，桑原　寛，大堀　晋，誉田邦夫，水戸研一　調査，改訂)：福島県地質図(1：200,000)，内外地図，1968．
7) 深田地質研究所(大森昌衛，野村　哲編集)：茨城県地質図(1：200,000)，内外地図，1962．
8) 新潟県(島津光夫，植村　武，吉村尚久，小林巌雄，立石雅昭，周藤賢治，高浜信行，黒川勝己，茅原一也，小松正幸，服部　仁，柳沢幸夫，渡辺　亨，津田宗茂，市村隆三，斉藤　博，渡辺其久男，中村　厚，宇尾野雄司，須田光治編集)：新潟県地質図(改訂版)(1：200,000)，1989．
9) 福井県(塚野善蔵編集)：福井県地質図(1：150,000)，1969．
10) 山梨県地質図編集委員会：山梨県地質図(1：100,000)，内外地図，1970．
11) 長野県地学会：長野県地質図(1：200,000)内外地図，発行年不明．
12) 静岡県(土　隆一編集)：静岡県地質図1：200000(改訂版)，2001．
13) 滋賀県(中沢圭二，立川正久，石田志朗監修)：滋賀県地質図(1：100,000)，1979．
14) 内外地図：奈良県地質図(1：200,000)，発行年不明．
15) 島根県地質図編集員会：島根県地質図(1：200,000)，1982．
16) 内外地図(今村外治，小島丈児，長谷　晃，迎三千寿，中野光雄，吉田博直，吉野言生，高橋英太郎，岡村義彦，村上允英，松本達郎，松下久道，鳥山隆三，唐木田芳文，植田芳郎調査)：山口県地質図(1：200,000)，内外地図，発行年不明．
17) 内外地図：香川県地質図(1：200,000)，発行年不明．
18) 高知県商工課(甲藤次郎，小島丈児，須鎗和已，沢村武雄，鈴木堯士編集)：高知県地

質鉱産図(縮尺 20 万分之一)，内外地図，1968．
19) 内外地図：福岡県地質図(1：200,000)，発行年不明．
20) 内外地図(陶山国男，羽田　忍，小林厳雄編集)：熊本県地質図(1：200000)，発行年不明．
21) 大分県(宮久三千年編集)：大分県地質図(1：200,000)，内外地図，1971．
22) 鹿児島県(竹崎徳男，郡山　栄，脇元康夫編集)：鹿児島県水理地質図(1：200000)，1966．
23) 中央農業研究指導所：沖縄県地質土性図(1：100,000 および 1：200,000)，沖縄県農林水産部農産課，1973．

(9) 全国を対象としたその他の地図類
1) 活断層研究会：新編日本の活断層，東京大学出版会，1991．
2) 小池一之，町田　洋編：日本の海成段丘アトラス，東京大学出版会，2001．
3) 国土地理院：数値地図 25000(行政，海岸線)平成 12 年版，2001．
4) 日本火山学会：日本の第四紀火山カタログ，付図，1999．
5) 日本第四紀学会編：日本第四紀地図，東京大学出版会，1987．

(10) 書籍・論文
1) 守屋以智雄：赤城火山の地形及び地質，前橋営林局，1968．
2) 矢沢大二，戸谷　洋，貝塚爽平編：扇状地―地域的特性―，古今書院，1971．
3) 貝塚爽平，松田磐余：首都圏の活構造，地形区分と関東地震の被害分布図(20 万分の 1)，内外地図，1984．
4) 小池一之：海岸線の変遷，日本第四紀学会編 百年・千年・万年後の日本の自然と人類，第四紀研究にもとづく将来予測，古今書院，1987．
5) 斉藤享治：日本の扇状地，古今書院，1988．
6) 早田　勉：第 1 章 群馬県の自然と風土，群馬県史編纂委員会編 群馬県史 通史編 1 原始古代 1，pp.37-129，1990．
7) 国土調査会編：土地，水情報の基礎と応用，古今書院，1992．
8) 海津正倫：沖積低地の古環境学，古今書院，1994．
9) 久保純子：東京低地の水域，地形の変遷と人間活動，大矢雅彦編 防災と環境保全のための応用地理学，古今書院，pp.141-158，1994．
10) 貝塚爽平，成瀬　洋，太田陽子，小池一之：日本の平野と海岸，岩波書店，1995．
11) 鈴木隆介：建設技術者のための地形図読図入門，第 3 巻 段丘・丘陵・山地，古今書院，2000．
12) 貝塚爽平，小池一之，遠藤邦彦，山崎晴雄，鈴木毅彦編：日本の地形 4 関東・伊豆小笠原，東京大学出版会，2000．
13) 町田　洋，太田陽子，河名俊男，森脇　広，長岡信治編：日本の地形 7 九州・南西諸島，東京大学出版会，2001．
14) 久保田鉄工：信濃川と新潟平野，アーバンクボタ，No.17，1979．
15) 久保田鉄工：特集　利根川，アーバンクボタ，No.19，1981．
16) 小池一之：那珂川流域の地形発達，地理学評論，Vol.34，pp.498-513，1961．
17) 米倉伸之：陸中北部沿岸地域の地形発達史，地理学評論，Vol.39，pp.311-323，1966
18) 三浦　修：海岸段丘からみた三陸海岸の発達，地理学評論，Vol.41，pp.732-747，1968．

19) 杉原重夫：下総台地西部における地形の発達，地理学評論，Vol.43, pp.703-718, 1970．
20) 内藤博夫：秋田県花輪盆地および大館盆地の地形発達史，地理学評論，Vol.43, pp.594-604, 1970．
21) 平川一臣，小野有五：十勝平野の地形発達史，地理学評論，Vol.47, pp.607-632, 1974．
22) 岩田修二：根釧原野，上春別付近の周氷河非対称谷，地理学評論，Vol.50, pp.455-470, 1977．
23) 太田陽子，平川一臣：能登半島の海成段丘とその変形，地理学評論，Vol.52, pp.69-189, 1979．
24) 松本秀明：仙台平野の沖積層と後氷期における海岸線の変化，地理学評論，Vol.54, pp.72-85, 1981．
25) 平井幸弘：関東平野中央部における沖積低地の地形発達，地理学評論，Vol.56, pp.679-694, 1983．
26) 森山昭雄，丹羽正則：土岐面，藤岡面の対比と土岐面形成に関する諸問題，地理学評論，Vol.58, pp.275-294, 1985．
27) 宮内崇裕：上北平野の段丘と第四紀地殻変動，地理学評論，Vol.58, pp.492-515, 1985．
28) 松原彰子：完新世における砂州地形の発達過程－駿河湾沿岸低地を例として－，地理学評論，Vol.62, pp.160-183, 1989．
29) 鈴木毅彦：常磐海岸南部における更新世後期の段丘と埋没谷の形成，地理学評論，Vol.62, pp.475-494, 1989．
30) 林　正久：出雲平野の地形発達，地理学評論，Vol.64, pp.26-46, 1991．
31) 高橋　学：土地の履歴と阪神・淡路大震災，地理学評論，Vol.69 A-7, pp.504-517, 1996．
32) 内藤博夫：秋田県能代平野の段丘地形，第四紀研究，Vol.16, pp.57-70, 1977．
33) 森脇　広：九十九里海岸平野の地形発達史，第四紀研究，Vol.18, pp.1-16, 1979．
34) 太田陽子，松島義章，三好真澄，鹿島　薫，前田保夫，森脇　広：銚子半島およびその周辺地域の完新世における環境変遷，第四紀研究，Vol.24, pp.13-29, 1985．
35) 貞方　昇：山陰地方における鉄穴流しによる地形改変と平野形成，第四紀研究，Vol.24, pp.167-176, 1985．
36) 長岡信治：後期更新世における宮崎平野の地形発達，第四紀研究，Vol.25, pp.139-163, 1986．
37) 吉永秀一郎，宮寺正美：荒川中流域における下位段丘の形成過程，第四紀研究，Vol.25, pp.187-201, 1986．
38) 小口　高：松本盆地および周辺山地における最終氷期以降の地形発達史，第四紀研究，Vol.27, pp.101-124, 1988．
39) 渡辺満久：北上低地帯における河成段丘面の編年および後期更新世における岩屑供給，第四紀研究，Vol.30, pp.19-42, 1991．
40) 中山正民，高木　勇：微地形分析よりみた甲府盆地における扇状地の形成過程，東北地理，Vol.39, pp.98-112, 1987．
41) 寄藤　昂，大矢雅彦：荒川と胎内川における扇状地発達の相違について，東北地理，Vol.40, pp.74-94, 1988．
42) 内田和子：北上川中流域，一関付近における地形と洪水，水資源，環境研究，2, pp.21-32, 1988．
43) 内田和子：佐渡島，国中平野の水害地形と洪水パターン，水利科学，No.201(第35巻4号), pp.25-56, 1991．

44) 貞方　昇：鬼怒川下流の氾濫原の形成，地理科学，No.18，pp.13-22，1972．
45) 池田　碩：阪神大地震と地形災害，地理，40巻4号，pp.98-105，1995．
46) 徳岡隆夫，大西郁夫，高安克己，三梨　昂：中海，宍道湖の地史と環境変化，地質学論集，No.36，pp.15-34，1990．
47) 中川久夫：東北日本南部太平洋沿岸地方の段丘群，地質学雑誌，Vol.67，pp.66-78，1961．
48) 小野有五，正木智幸：上伊那，竜西地域における最終氷期の段丘形成，日本地理学会予稿集，18，pp.60-61，1980．
49) 平井幸弘：日本における海跡湖の地形発達，愛媛大学教育学部紀要，第3部自然科学，Vol.14-2，pp.1-71，1994．
50) Kubo, S.：Buried terraces in the lower Sagami Plain, Central Japan：Indicators of sea levels and landforms during the Marine Isotope Stages 4 to 2 (Part II). 中央学院大学人間，自然論叢，7，pp.335-362，1997．
51) Sugai,T.：River terrace development by concurrent fluvial processes and climatic changes, *Geomorphology*, 6, pp.243-252, 1993．
52) 米倉伸之，貝塚爽平，野上道男，鎮西清高編：日本の地形1 総説，東京大学出版会，2001．
53) 小疇　尚，野上道男，小野有五，平川一臣編：日本の地形2 北海道，東京大学出版会，2003．
54) 小池一之，田村俊和，鎮西清高，宮城豊彦編：日本の地形3 東北，東京大学出版会，2005．
55) 太田陽子，成瀬敏郎，田中眞吾，岡田篤正編：日本の地形6 近畿・中国・四国，東京大学出版会，2004．

第2部
ハザード評価への適用例

わが国において本格的な地形分類図が作成されるようになったのは，国土調査法の制定(1951年)以降のことである．以後半世紀余りの間に様々な応用地形学的な研究に利用されてきているが，その代表的なものが高潮や洪水氾濫の状況を予測する水害地形分類図である．その第一号ともいうべき木曽川下流濃尾平野水害地形分類図[1]では，この図で分類された三角州と，1959年9月26日に発生した伊勢湾台風によって引き起こされた高潮による浸水範囲とがぴたりと一致したことから，その有効性が認められ注目された．以後，全国各地で水害地形分類図や治水地形分類図として刊行されている(第1部末の「日本の地形・地盤デジタルマップ作成の参考資料」の(4)参照)．また，微地形が土地の形態(起伏)のみならず沖積低地(完新世に形成された土地)の表層の地盤特性と特に密接な関係があることから，微地形と液状化発生地点の分布に対応関係が認められ，液状化発生の予測にも用いられている[2],[3]．

一方，地形分類図は，広い地域に対して統一した基準で作成することができ，均一な精度の情報が得られることから，地盤特性を面的に表すデータとして近年積極的に利用されるようになってきている．望月ほか[4]は，1923年関東地震による木造家屋の被害状況と地形分類の相関を調べ，両者がよく対応していることを示した．

最近では，地震動の地盤の増幅特性を簡易に推定するために，国土数値情報に含まれる地形分類データを用いた研究がいくつか行われている[5]~[10]．また，久保ほか[11]は，表層地盤による速度の全国的な増幅率マップを作成する

ために，国土数値情報の地形分類データの元になった県別の領域表示の地形分類図[12]を用いて，国土数値情報より解像度の高い500mメッシュの全国地形分類図を作成した．

以上のような地形分類図を用いた広域ハザード評価の研究に，本書の「日本の地形・地盤デジタルマップ」(以下，本マップと呼ぶ)を利用することができる．特に，分類基準を全国的に統一したことで，国土数値情報の土地分類メッシュデータ[13]や県別の地形分類図[12]を用いたものよりも，本マップを用いた分析結果や予測精度は格段に向上するはずである．ここでは，本マップを利用したハザード評価例として，1) 洪水氾濫や高潮による浸水域，2) 地震動の地盤増幅度(地盤の揺れやすさ)と関係の深い地盤の平均S波速度，3) 地震時の液状化危険度，4) 山地の崩れやすさの一指標である潜在的侵食速度分布の推定手法について紹介する．

1. 高潮や洪水氾濫による浸水域の予測

1.1 水害地形分類図の理念

これまで，木曽川下流濃尾平野水害地形分類図をはじめ，わが国内外で多くの水害地形分類図の作成に携わってきた大矢[14]は，地形分類図から洪水の範囲と形態の予測が可能である理由について以下のように述べている．

沖積平野はその形成過程において地殻変動，海面変化の影響を受けているが，その原動力は河川により運搬された砂礫の堆積である．この砂礫の堆積は主として洪水時に行われる．したがって，平野の微地形を分類すれば，過去の洪水の状態もわかるだけでなく，将来万一，破堤・氾濫があった場合の浸水範囲，洪水のおもな流動方向，湛水深の深浅，湛水期間の長短，河道変遷の有無などがわかるはずである．この観点に立って平野の地形分類を行い，洪水の予測をするのが水害地形分類図である．

大矢による水害地形分類図と本マップによる地形分類の基準は基本的には同一であることから，本マップの微地形区分に大矢による地形要素(微地形区分)ごとの洪水氾濫形態を当てはめてみると**表2.1**のようになる．

表 2.1 本マップの微地形区分と洪水氾濫の形態との関係

No.	微地形区分	洪水氾濫の形態
1	山　地	浸水せず．
2	山麓地	浸水せず．
3	丘　陵	浸水せず．
4	火山地	浸水せず．
5	火山山麓地	浸水せず．
6	火山性丘陵	浸水せず．
7	岩石台地	浸水せず．
8	砂礫質台地	浸水せず．ただし，局所的な凹地では内水氾濫で浸水する可能性がある．
9	ローム台地	浸水せず．ただし，局所的な凹地では内水氾濫で浸水する可能性がある．
10	谷底低地	洪水時に浸水する．
11	扇状地	洪水時に砂礫の侵食と堆積がみられる．浸水しても排水は良好である．
12	自然堤防	異常の洪水時に浸水することがある．浸水しても排水は良好である．
13	後背湿地	洪水時に長期間湛水する．水深は深い．
14	旧河道	洪水時に浸水し，洪水の流路となりやすい．
15	三角州・海岸低地	洪水時に湛水するが，水深は後背湿地より浅い．高潮に襲われる可能性がある．
16	砂州・砂礫州	標高の低いものは浸水することがあるが，排水は速やか．高潮は乗り越えることがある．
17	砂　丘	浸水せず．
18	干拓地	洪水時に長期間湛水する．海岸部では高潮に襲われる可能性がある．
19	埋立地	海岸部では高潮に襲われる可能性がある．浸水しても排水は良好である．

1.2　本マップによる洪水ハザードマップの作成

　図 2.1 は，表 2.1 と本マップを用いて作成した日本全国の広域洪水ハザードマップである．ここでは，洪水ハザードは，表 2.1 を参考にして，現成の地形形成過程の中で，主に洪水氾濫や高潮等の営力によって形成された地形区分を洪水危険性が大きいと評価し，その他に現河道や現海面からの比高等を加味して，以下の 4 段階に区分した．また，洪水は外水氾濫(破堤や越流などによるもの)と内水氾濫(排水不良によるもの)の両方とした．

- 危険大：洪水時に浸水し長期間湛水する，または浸水して洪水の流路となりやすい
- 危険中：洪水時に浸水する
- 危険小：洪水時に局所的に浸水する，または浸水することもあるが排水は速やか
- 危険なし：浸水しない

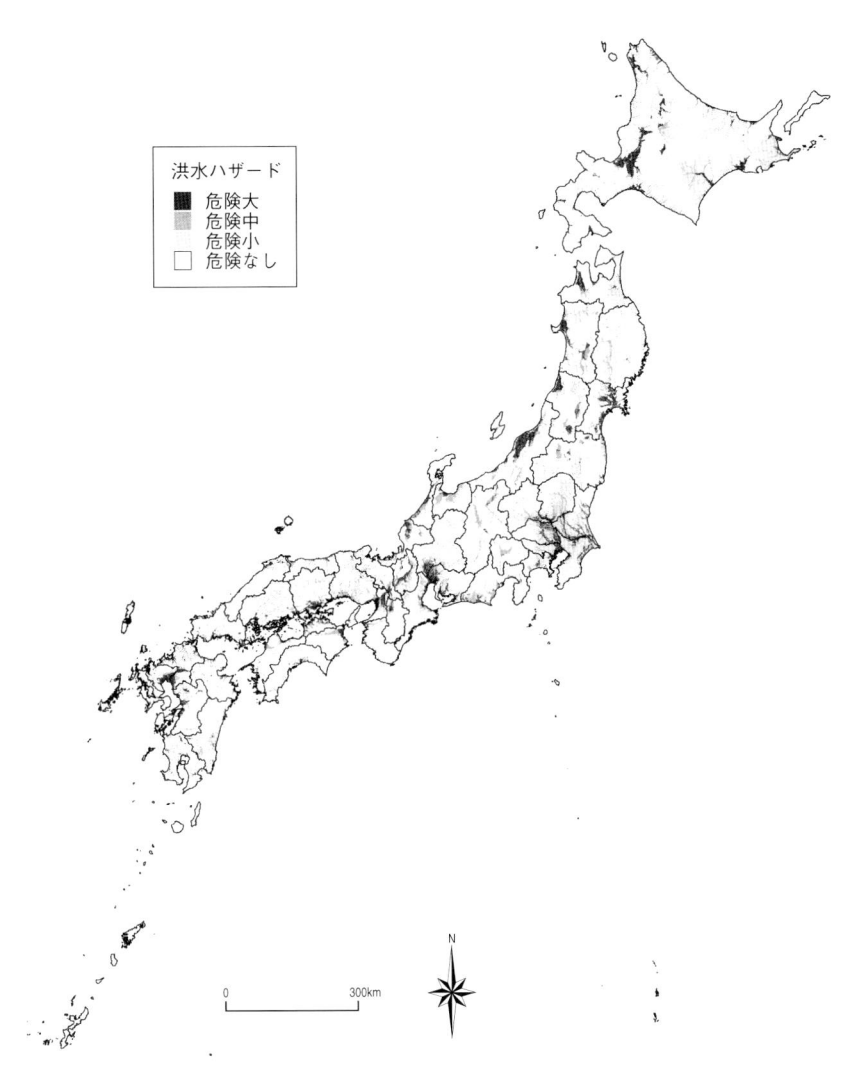

図2.1 本マップを用いて作成した広域水害ハザードマップ
Fig. 2.1 Flood potential map created by the JEGM

　厳密には各地の平野の特性，地盤高，過去の浸水実績，河川整備状況（堤防高さや河道改修等），土地改変の状況等も考慮する必要があろうが，広い地域に対して洪水時に浸水する可能性がある地域の分布や面積の割合，被災人口等を想定したり，避難場所の配置など防災計画を策定したりする際に役立つ

1．高潮や洪水氾濫による浸水域の予測——39

ものと考えられる．

　さらに，本マップの微地形データや標高データと海岸からの距離情報などを重ね合わせることにより，海溝型巨大地震による広域津波ハザードマップや，大型台風の接近・通過に伴う高潮ハザードマップの作成も可能であろう．

2. 地盤の平均 S 波速度分布の推定

2.1　はじめに

　地盤の増幅特性の正確な評価には，地盤のS波速度構造などの詳細な地盤情報が必要であるが，表層のS波速度のみからも地盤の増幅特性が近似的に推定でき[15]，地表最大速度などの地震動強さの増幅度は，地表からある程度の深さまでの平均S波速度と相関があることが知られている[15]～[19]．しかしながら，表層地盤のS波速度を測定するための調査は高額な費用を要する調査であり，ごく限られた地点でしか実施されていないのが現状である．

　このような背景から，広い地域に対して地盤のS波速度の分布や地盤の増幅度を概略的に推定するための地盤情報として，国土数値情報等の地形分類図を利用した研究が多く行われてきた[5]～[11]．しかしながら，これらの推定手法は地形分類基準などにおいて問題が多い国土数値情報[13]や県別の地形分類図[12]を元にしたものであることから，全国的に均質な精度で地盤のS波速度や増幅度を推定できるとは言えない．そこで，松岡ほか[20]は，本マップを用いて，S波速度の全国的な分布をより高い精度で均一均等に推定できる経験式を提案した．本章ではこの経験式が導かれるまでのプロセスを紹介する．

2.2　地盤の平均 S 波速度の算出

　全国的なS波速度データには，防災科学技術研究所のK-NET(約1000地点)およびKiK-net(約500地点)の観測点［K-data, H-data］があるが，これらは，とくに，大都市圏などではデータ数が比較的少ない．そこで，本研究ではこれらのデータに，横浜市(150地点)［Y-data］，関東地方(約540地点)［M-data］，阪神地域(約70地点)［F-data］，全国の主な平野周辺(650地

表 2.2　地盤の S 波速度情報が不足した地盤データに対する使用基準[10]

最表層までの深さ(m)	~2.0	~5.0
最表層の S 波速度(m/s)	—	<200

最下層までの深さ(m)	10.0~	15.0~	17.5~	20.0~	22.5~	25.0~	27.5~
最下層の S 波速度(m/s)	>1000	>500	>400	>350	>250	>200	>100

点）［T-data］を加えた計 2906 地点の PS 検層データ[10] を利用した．まず，すべての PS 検層データについて，S 波の走時で重みをつけた深さ 30 m までの地盤の平均 S 波速度（$AVS30$：30 m を S 波の伝播時間で除した値）を算出する．その際の計算条件は既往の研究[10] を踏襲する．つまり，調査開始深度が 0 m でない地点については，**表 2.2** 上段に示す条件を満足する場合に，最表層の S 波速度が地表まで続くものとする．また，最下層の深さが 30 m 未満のデータについては，**表 2.2** 下段に示す条件を満足する場合に，最下層の S 波速度が深さ 30 m まで続くものとして $AVS30$ を計算する．さらに，地表から地下深部まで S 波速度が一定として記録されている地点は，地表にあるべきはずの速度層が省略されているようにみえることから，これらのデータは除外する．

　これらの条件によって，$AVS30$ が計算できる地点は 1811 地点に減少する．たとえば，K-data に関しては約 7 割の地点で $AVS30$ が算出できない．そのデータのほとんどは深さ 10 m までは S 波速度情報が存在し，15 m まで調査されているものが 229 地点，20 m まで調査されているものが 201 地点ある．そこで，これらのデータもできるだけ検討に用いたいとの考えから，**表 2.2** 下段の条件を満足しない地点についても，最下層を 30 m まで延長するとの仮定が妥当かどうかを，30 m 以上の深さまで調査されている K-data 以外のデータに基づいて検討した．

　20 m までの層に対して**表 2.2** の条件を満足しない地点を抽出し，20 m での S 波速度が 30 m まで続いていると仮定して算出した疑似的な $AVS30$ と真の $AVS30$ との比較を**図 2.2** に示す．相関係数が 0.97 と高く，かつ，両者はほぼ 1 対 1 であることから，比較的軟弱な地盤であっても上記の仮定には大きな問題がないことがわかる．なお，15 m および 10 m までの層について同様の検討を行ったが，両者にはややバラツキがみられ相関も低かった．そして，

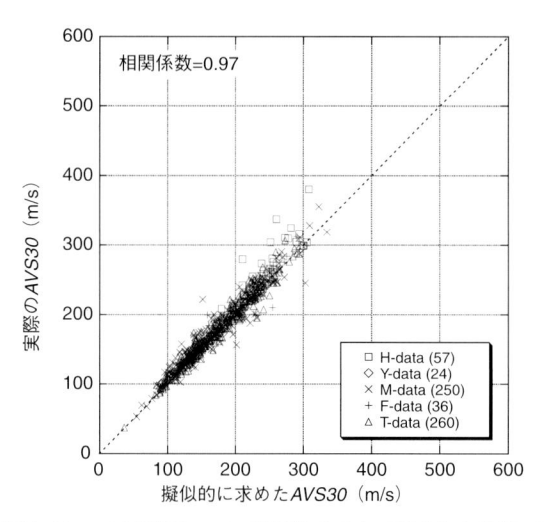

図 2.2 深さ 20 m の層が 30 m まで延長したとして推定した地盤の平均 S 波速度と真の平均 S 波速度の関係[20]

Fig. 2.2 Relationship between average shear-wave velocities calculated on the assumption that the upper 20 m layer is extended to 30 m and actual average shear-wave velocity(Matsuoka et al., 2005)

真の AVS30 の方が疑似的な AVS30 よりも大きめになる傾向があった．以上より，調査深度が 30 m 未満であり，表 2.2 の条件を満足しない場合であっても，深さ 20 m まで S 波速度データがある地点については，近似的に AVS30 が算出できると判断した．この選定により，検討に使えるデータは 2028 地点に増えた．

2.3 微地形と地盤の平均 S 波速度の関係

(1) S 波速度データ地点の微地形判読

AVS30 が算出できた地点を本マップが採用している微地形分類基準に従って，1.山地，2.山麓地，3.丘陵，4.火山地，5.火山山麓地，6.火山性丘陵，7.岩石台地，8.砂礫質台地，9.ローム台地，10.谷底低地，11.扇状地，12.自然堤防，13.後背湿地，14.旧河道，15.三角州・海岸低地，16.砂州・砂礫州，17.砂丘，18.干拓地，19.埋立地の 19 種類にグループ分けした(微地形の定義や特徴については本書第 1 部 3.を参照されたい)．

S 波速度データには計測地点の経緯度情報が付与されていることから，この

中京・阪神地域

関東地域

● S波速度データ地点

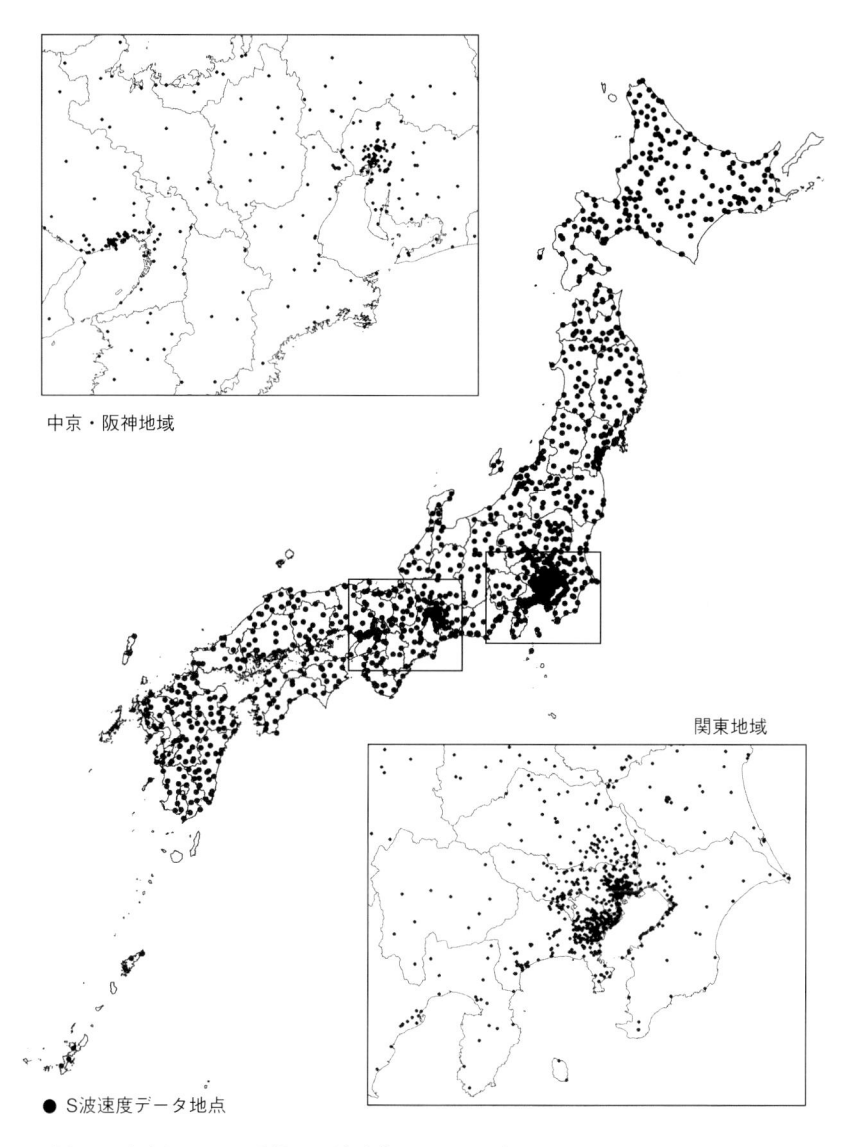

図2.3 解析に用いた地盤のS波速度データの分布[20]
Fig. 2.3 Distribution of ground shear-wave velocity data sites used for analysis (Matsuoka *et al.*, 2005)

2. 地盤の平均S波速度分布の推定——43

情報に基づいて，領域表示の1/5万地形分類図(デジタルマップの原図)に各地点の位置をプロットし，その地点の微地形を判読した．微地形の判定後に，土質柱状図がある地点については，それを参照して盛土厚さを調べた．盛土厚さが大きい地点は盛土のS波速度のAVS30へ与える影響が無視できないと考えられることから，盛土厚5m以上の地点は除外した．また，複数の微地形の境界部など単独の微地形で表せない地点や湖沼・海域なども除外した．

その結果，検討に使えるデータは1937地点となった．内訳は，K-dataが509地点，H-dataが435地点，Y-dataが87地点，M-dataが425地点，F-dataが66地点，T-dataが415地点である．その分布を図2.3に示す．

(2) 微地形区分ごとのAVS30の特徴

微地形ごとのAVS30の平均値と標準偏差を調べた結果を図2.4に示す．な

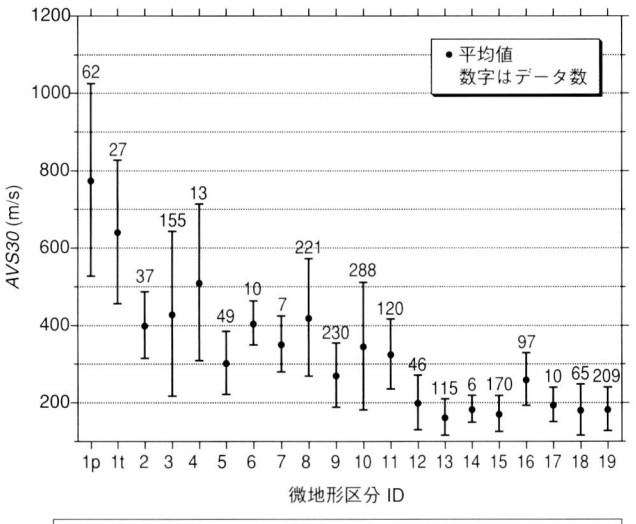

図2.4 微地形ごとの地盤の平均S波速度の平均値と標準偏差[20]
Fig. 2.4 Mean value and standard deviation of average shear-wave velocity by geomorphologic unit (Matsuoka *et al.*, 2005)

お，山地については地質による影響が考えられることから，地質図[21]を参照して先第三系(1p)と第三系(1t)に分けた．X軸は前述の微地形番号に対応し，上部の小数字はデータ数を表す．概して，標高が高い微地形ほど$AVS30$の値が大きくなる．

山麓地は崖錐など山地から供給された崩積土等の堆積地であるため，山地に比べて$AVS30$が小さくなると考えられる．火山山麓地は火山地に比べて$AVS30$が小さい．これは，第1部表1.4に示されるように，火砕流堆積物や溶岩流堆積物など火山作用で生じた砕屑物などや，流水によって火山から運ばれた岩屑が堆積する地形であるためと考えられる．砂礫質台地と扇状地は，ともに厚い砂礫層より構成される．しかし，前者は表層が更新統(洪積層)で構成されているのに対し，後者は完新統(沖積層)からなることから，砂礫質台地の$AVS30$の方が大きくなったものと考えられる．

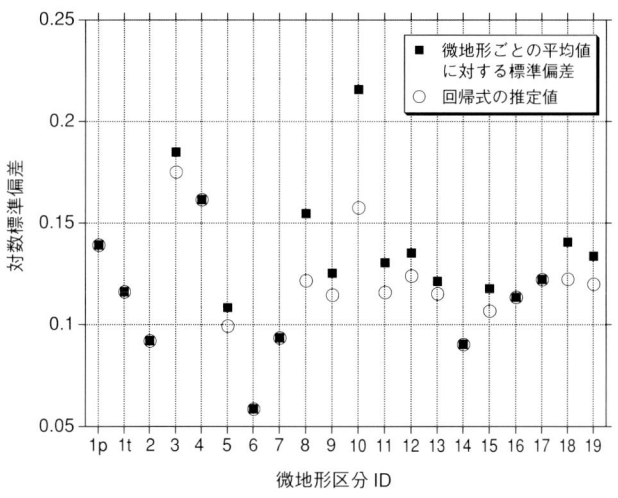

図2.5 微地形ごとの地盤の平均S波速度の推定精度(対数標準偏差)[20]
Fig. 2.5 Average shear-wave velocity estimation accuracy (logarithmic standard deviation) by geomorphologic unit (Matsuoka et al., 2005)

低地については，谷底低地＞扇状地＞砂州・砂礫州＞自然堤防＞砂丘＞旧河道＞三角州・海岸低地＞後背湿地，の順で$AVS30$が大きく，これは，各微地形を構成する堆積物の粒径の大きい順(砂礫＞砂＞粘土)と概ね対応する．これらの傾向は微地形の堆積環境と照らしてみても妥当なものといえよう．
　図 2.5 には，図 2.4 の$AVS30$の値のバラツキを表す指標として，対数標準偏差を■で示す．微地形によってバラツキに差があるが，標高が高い微地形では，丘陵と火山地がややバラツキが大きい．この原因の一つとして，これらの微地形上にあるK-dataやH-dataの地震観測点の大部分が，物理的風化や匍行(ほこう)の進行しやすい地形縁辺部や谷底低地との境界部に位置しているなど，風化等の影響を受けた遅いS波速度のデータが多く含まれている可能性が考えられる．
　低地の微地形では，谷底低地でのバラツキがとくに大きい．対数標準偏差で約 0.22 であることから，推定値は 0.60〜1.66 倍ものバラツキをもっている．河川上流部の，いわゆる山岳地帯と，大河川の下流に近い谷底低地では地盤条件が異なる．前者は山地や丘陵の間の谷幅がきわめて狭く，地表面下

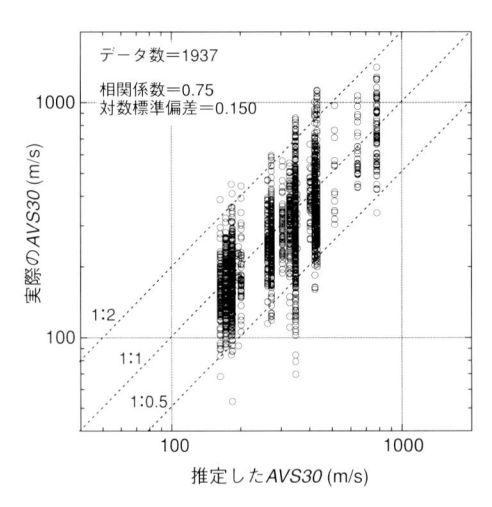

図 2.6　微地形ごとの地盤の平均S波速度の平均値を推定値とした場合の実際の平均S波速度との関係[20]

Fig. 2.6 Relationship between mean value of average shear-wave velocity by geomorphologic unit and actual average shear-wave velocity (Matsuoka et al., 2005)

の浅いところに山地や丘陵を形成する岩盤が出現し，後者は谷幅が広く，深いところに岩盤が現れるなど，同じ微地形区分でも，岩盤までの深さに違いがあることが AVS30 のバラツキの要因と考えられる．

　他の微地形についても，AVS30 のバラツキには要因がある．たとえば，砂礫質台地は，いわゆる河岸段丘(河川沿いのもの)と，海岸段丘とに大別されることから，これらの形成過程の違いによって AVS30 に差がでると考えられる．三角州・海岸低地については，大河川の河口や大規模な砂州・砂丘の背後に形成される広い面積をもつものと，海岸線付近まで山地が迫った地域に形成された極めて小規模なものまでがある．後者の方が岩盤までの深さが浅く，AVS30 が大きくなることが予想される．後背湿地についても，軟弱層厚が地域によって異なっていることが考えられる．

　図 2.6 にはデータ全体について，AVS30 の推定値(微地形区分ごとの平均値)と実際の AVS30 の比較を示す．対数標準偏差は 0.150 となり，微地形区分のみから推定される AVS30 には 0.71～1.41 倍程度のバラツキがある．

2.4　微地形および地理的指標からの地盤の平均 S 波速度の推定

(1)　AVS30 推定のための地理的指標

　上述のように，微地形と AVS30 の間には密接な関係があることが確認できたが，同一の微地形区分でも AVS30 にはバラツキが存在する．とくに，谷底低地などの低地形では地震動の増幅が大きくなることが予想されることから，AVS30 の推定精度をより高める必要がある．そこで，微地形区分以外の地理的条件を考慮してみる．既往の研究[5),10)] では，AVS30 の推定に標高値と河川からの距離を説明変量としている．これは，河川の上流と下流では微地形区分を構成する堆積物が粗粒なものから細粒なものへと変化していることから，その影響を標高として表現できると考え，また，河川氾濫に起因して形成された地形については，河川付近では氾濫堆積物が厚く，河川から離れるに従い薄くなることを，河川からの距離で評価しようとしたためである．

　本研究では，これらの指標の他に，地盤の傾斜，海岸線からの距離，さらに，山地あるいは丘陵からの距離も説明変量に加えた．傾斜を加えた理由は，たとえば，扇状地はその勾配によって堆積物が変化し，液状化のしやすさに

も影響を与えることが知られている[22]からである．また，谷底低地については，その堆積物に着目すると，縦断勾配が急な谷で土石流の流下によって形成されたものは，一般に玉石などの転石で構成されるのに対して，緩勾配の谷には掃流によって流下した砂泥質の土が堆積する．このような堆積物のタイプは，谷の縦断勾配などの地形的な特徴から推定が可能と考えられる．関東地方の代表的な低地についても，地盤の傾斜と$AVS30$には相関がみられる[23]．海岸線からの距離については，三角州・海岸低地の堆積層の厚さと関係があることが予想され，山地や丘陵からの距離は，前章で述べたように，谷底低地や山間部の河岸段丘(本マップでは砂礫質台地に含まれる)の$AVS30$に影響を与えると考えられる．

(2) 地理的指標の抽出

S波速度データ地点の位置情報を参考にして，標高と傾斜については，本マップから抽出した．本マップには数値地図250mメッシュ標高[24]を用いて算出した標高値と傾斜の最大値，最小値，平均値，中央値が基準地域メッシュ(約1km四方)ごとに与えられていることから，ここでは，それぞれの中央値を採用した．標高の単位はメートル，傾斜は正接(タンジェント)の値を1000倍したものである．

河川からの距離については，国土数値情報の河川流路データを用いて，一級および主要二級河川からの距離を計算した．海岸線からの距離も，国土数値情報に含まれる海岸線位置データを用いて算出した（距離の単位はともにm）．山地や丘陵からの距離に関しては，この指標の期待するところが，更新世や完新世(第四紀)の時代に形成された微地形の堆積層下にある岩盤までの深さとの相関である．したがって，より古い時代(先第三紀ないし第三紀)に形成された山地あるいは丘陵が対象となろう．本マップには前述のように表層地質データも含まれることから，本研究では，先第三系ないしは第三系の山地あるいは丘陵の属性を有するメッシュまでの距離を利用することにした（単位はkm）．

表 2.3 多変量解析による回帰係数(括弧内は標準回帰係数)[20]

ID	微地形	回帰係数(標準回帰係数)				標準偏差
		a	b	c	d	σ
1p	山地(先第三系)	2.900	0	0	0	0.139
1t	山地(第三系)	2.807	0	0	0	0.117
2	山麓地	2.602	0	0	0	0.092
3	丘陵	2.349	0	0.152(0.219)	0	0.175
4	火山地	2.708	0	0	0	0.162
5	火山山麓地	2.315	0	0.094(0.382)	0	0.100
6	火山性丘陵	2.608	0	0	0	0.059
7	岩石台地	2.546	0	0	0	0.094
8	砂礫質台地	2.493	0.072(0.270)	0.027(0.101)	$-0.164(-0.336)$	0.122
9	ローム台地	2.206	0.093(0.269)	0.065(0.223)	0	0.115
10	谷底低地	2.266	0.144(0.447)	0.016(0.040)	$-0.113(-0.265)$	0.158
11	扇状地	2.350	0.085(0.419)	0.015(0.059)	0	0.116
12	自然堤防	2.204	0.100(0.368)	0	0	0.124
13	後背湿地	2.190	0.038(0.178)	0	$-0.041(-0.152)$	0.116
14	旧河道	2.264	0	0	0	0.091
15	三角州・海岸低地	2.317	0	0	$-0.103(-0.403)$	0.107
16	砂州・砂礫州	2.415	0	0	0	0.114
17	砂丘	2.289	0	0	0	0.123
18	干拓地	2.373	0	0	$-0.124(-0.468)$	0.123
19	埋立地	2.404	0	0	$-0.139(-0.418)$	0.120

$\log AVS30 = a + b\log Ev + c\log Sp + d\log Dm \pm \sigma$
$AVS30$：地盤の平均 S 波速度(m/s)，Ev：標高(m)，Sp：傾斜*1000，Dm：先第三系・第三系の山地・丘陵からの距離(km)

(3) 多変量回帰分析による AVS30 の推定

目的変数を平均 S 波速度 ($AVS30$)，説明変数を上節にて抽出した標高 (Ev)，傾斜 (Sp)，河川からの距離 (Dr)，海岸線からの距離 (Dc)，先第三系・第三系の山地・丘陵からの距離 (Dm) とした多変量回帰分析を微地形区分ごとに行う．既往の研究[5),7),10)]を参考にして，回帰式はそれぞれの変量の対数による線形回帰モデルとする．その際，説明変数の値が1以下の場合は，その値を1に固定した．

多変量分析に際して，多重共線性や有意検定を行った結果，説明変数は Ev, Sp, Dm の 3 個に絞られ，以下の回帰式が導かれた．

$$\log AVS30 = a + b\log Ev + c\log Sp + d\log Dm \pm \sigma \qquad (2.1)$$

ここで，a, b, c, d は回帰係数，σ は標準偏差である．**表 2.3** には回帰分

析によって得られた微地形区分ごとの回帰係数と標準偏差を示す．寄与が小さい説明変量の係数はゼロにしている．なお，火山地，火山性丘陵，岩石台地，旧河道，砂丘についてはデータ数が少ないことから，回帰式が構築できない．

　回帰係数の値から一般的にいえることは，標高が高いほど，傾斜が大きいほど，山地や丘陵からの距離が近いほど，$AVS30$の値が大きくなることである．本節(1)で予想したように，河川の上流部(標高が高く，傾斜が大きい地域)では堆積物の粒径が大きい，山地や丘陵に近いほど岩盤までの深さが浅い，などの理由より$AVS30$が大きくなると考えられ，得られた回帰係数の傾向は微地形の堆積環境と矛盾のないものといえる．

　表2.3には説明変量の目的変量への寄与の程度を表す標準回帰係数を括弧内に示している．これによると，概して，標高の$AVS30$に与える影響が大きいことがわかるが，砂礫質台地や谷底低地においては，山地・丘陵からの距離も$AVS30$の推定に比較的大きな寄与をしている．これは，地形の空間的配置が岩盤までの堆積層の厚さと関係があり，結果として$AVS30$の値に大きな影響を与えていることを示している．

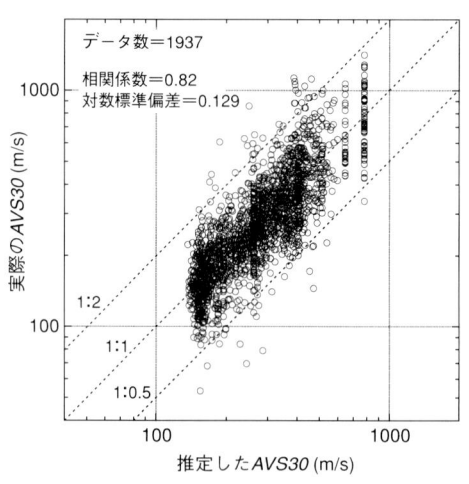

図2.7　回帰式から推定される地盤の平均S波速度と実際の平均S波速度との関係[20]

Fig. 2.7 Relationship between average shear-wave velocity estimated by regression formula and actual average shear-wave velocity (Matsuoka *et al.*, 2005)

三角州・海岸低地と後背湿地についても，山地・丘陵からの距離が$AVS30$の値に影響を与えている．従来は，これらの微地形では河川からの距離によって$AVS30$を推定していた[5),10)]．しかし，本研究でのデータセットに基づく分析からは，全国のデータを一律に扱っていることもあり，河川からの距離はほとんど寄与せず，替わって山地・丘陵からの距離が$AVS30$の値の大小を左右する指標として機能している．

　図2.5には回帰式にて推定される$AVS30$の推定精度(対数標準偏差)を○で示している．微地形区分のみからの結果(■)と比較すると，回帰式を用いることで，谷底低地については$AVS30$の推定精度が著しく向上し，他の地形についてもバラツキが小さくなる．**図2.7**にはデータ全体について，推定値と実測値の比較を示す．回帰式からの推定によって，対数標準偏差が0.129に向上する．

2.5　本マップによる地盤の平均S波速度分布

　本マップと式(2.1)の$AVS30$の推定式を用いることで，日本全国の$AVS30$の分布図を作成することができる．標高(Ev)，傾斜(Sp)についても本マップに含まれており，先第三系・第三系の山地・丘陵からの距離(Dm)の分布についても本マップから計算できる．これらの分布と式(2.1)の回帰式および**表2.3**の回帰係数から求めた$AVS30$の分布図を**図2.8**に示す．主要な平野においては$AVS30$の値が小さく，標高が高い微地形ほど値は大きくなる．

　しかし，山地や丘陵については，S波調査地点の多くが山間道路の敷設に伴う地形改変の影響を受けていると考えられる位置にある．また大都市圏の丘陵では宅地造成による著しい地形改変が$AVS30$に少なからず影響を与えている．今後地形改変の影響を考慮した詳細な分析が必要である．

　ここで得られた地盤の平均S波速度分布は基準地域メッシュ(約1km四方)単位であるが，本マップをさらに細密化した250mメッシュ単位のデジタルマップの構築も進められている[25)]．これは，微地形区分の判読と格納を250mメッシュごとに行い，空間解像度をより向上させたものである．本研究での経験式をそのマップに応用することで，より詳細な地盤の平均S波速度分布と増幅度分布の推定へと発展させることが可能である．

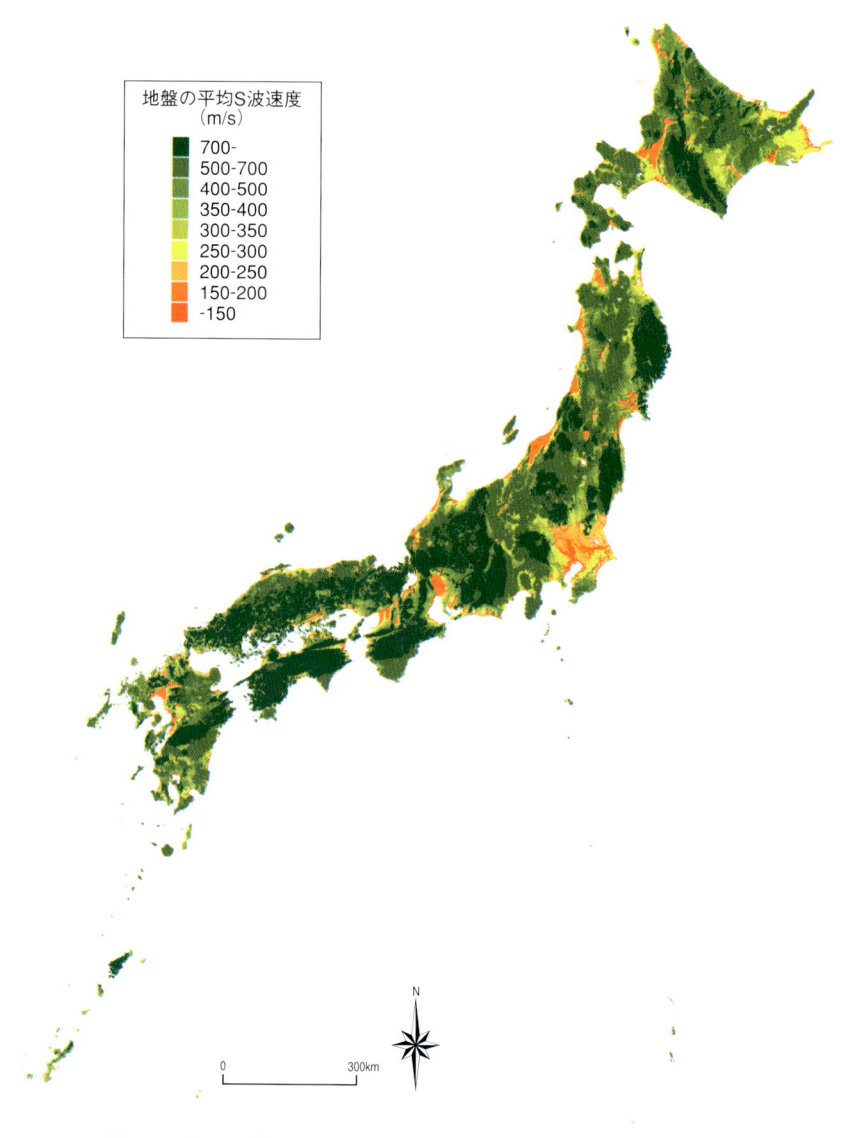

図2.8 本マップを利用して推定した地盤の平均S波速度分布[20]
Fig. 2.8 Average shear-wave velocity distribution estimated by the JEGM (Matsuoka *et al.*, 2005)

2.6 まとめ

本章では，本マップを利用して，地盤の増幅度と密接な関係がある深さ30mまでの地盤の平均S波速度(AVS30)の分布を推定する経験式を示した．微地形ごとのAVS30には地盤の形成過程や堆積環境に起因する有意な違いが認められ，さらに，標高，傾斜，古い時代に形成された山地・丘陵からの距離から，AVS30が簡便かつ既往の経験式に比べ精度良く推定できることがわかった．本マップとここで提案する経験式を用いることで，日本全国の任意の地域でのAVS30の分布を均等均質な精度で推定することが可能になった．

3. 液状化危険度の予測

ボーリング調査資料など工学的地盤資料を使わずに広い地域を対象として液状化危険度予測をするのに，わが国では地形分類図を用いる方法がよく行われている．地形分類を利用した液状化危険度判定には大別して2通りの方法がある．一つは，地震動の強さを一定に設定して地盤の液状化の生じやすさを「液状化の可能性が高い」，「低い」のようにランク分けするもの，他の一つは，ある地震を想定して対象地域の地震動の強さの分布を算定し，予測された地震動強さのもとでの液状化危険度を，「大」，「中」，「小」のようにランク分けするものである．

地形分類による液状化の可能性の判定基準は，わが国における過去の液状化発生の有無，発生頻度と微地形区分との関係についての分析結果[22],[26]に基づいている．液状化発生の難易と地形分類との関係が深いのは，各々の微地形区分が土地の起伏のみならず，形成過程，形成時期，構成物質(土質)がほぼ同一な単元ごとに分類されたものであるため，これらの地形形成や地盤の堆積環境のプロセスが，直接的・間接的に堆積物の液状化しやすさに影響を及ぼしているためである．以下に，この上記の方法について解説を行い，本マップを用いた予測事例を紹介する．

表2.4 震度V程度の地震による微地形からみた液状化可能性の判定基準[27]

微地形		震度V程度の地震動による液状化被害の可能性*
区　　分	細　区　分	
谷底平野	扇状地型谷底平野	小
	デルタ型谷底平野	中
扇　状　地	急勾配扇状地・沖積錐	小
	緩勾配扇状地	中
自然堤防**	自然堤防	中
	比高の小さい自然堤防 自然堤防周辺部	大
ポイントバー(蛇行洲)	—	大
後背湿地	—	中
旧　河　道	新しい(明瞭な)旧河道	大
	古い(不明瞭な)旧河道	中〜大
旧　池　沼	—	大
湿　地	—	中
河　原	砂礫質の河原	小
	砂泥質の河原	大
デルタ(三角州)	—	中
砂　州** (砂嘴・浜堤を含む)	砂　州	中
	砂礫州	小
砂　丘**	砂　丘	小
	砂丘末端緩斜面	大
海　浜	海　浜	小
	人工海浜	大
砂丘間低地・堤間低地	—	大
干　拓　地	—	中
埋　立　地	—	大
湧水地点(帯)	—	大
盛　土　地	砂丘と低地の境界付近の盛土地	大
	崖・急斜面に隣接した盛土地	大
	谷底平野上の盛土地	大
	低湿地上の盛土地	大
	干拓地上の盛土地	大
	その他の盛土地	元の地形に準ずる

*：液状化に伴う変状が地表面または浅い基礎で支持されている構造物に現れるような被害液状化の可能性.「大」：液状化被害が発生する可能性が極めて高い,「中」：可能性が少しはある,「小」：可能性はほとんどない.

**：各微地形区分の外縁部を含む.

注：震度Vとは,現在の計測震度による10段階の気象庁震度階級(1996.2)が採用される前の,8段階の旧気象庁震度階級に基づく震度である.

3.1 地盤の液状化しやすさの判定

(1) 地形分類に基づく判定基準

　対象とする地盤で液状化が生じるか否かは，地震動の強さと地盤の液状化しやすさの大小関係で決まるが，地震動の強さの方を一定に設定して，表層地盤の液状化発生の可能性を判定する基準の代表的なものには，**表 2.4**と**表 2.5**がある．**表 2.4**に関しては類似なものがいくつかあるが，国土庁防災局震災対策課[29]や国際土質基礎工学会TC-4委員会[30]の液状化ゾーニングマニュアルにこの判定基準が採用されていることから，ここで代表例として紹介した．

　表 2.5では，地震動の強さを建物の供用期間中に一度くらい起こるかもしれない「レベル1地震動」，きわめてまれにしか起こらない大地震に相当する「レベル2地震動」の2段階に設定している．このような2段階の地震動の考え方は，建築分野では1981年施行のいわゆる新耐震設計法で確立されたが，ほとんどの構造物に対して適用されるようになったのは，国の「防災基本計画」が1997年(平成9年)に修正されてから後のことである．防災基本計画の

表 2.5　微地形からみた液状化可能性の判定基準[28]

地盤表層の液状化可能性の程度				微地形区分
地震動レベル				
レベル1		レベル2		
大	液状化の可能性は大きい	極大	液状化の可能性は非常に大きい	埋立地，盛土地，旧河道，旧池沼，ポイントバー，砂泥質の河原，人工海浜，砂丘間低地，堤間低地，湧水地
小	液状化の可能性は小さい	大	液状化の可能性は大きい	自然堤防，湿地，砂州，後背湿地，デルタ，干拓地，緩扇状地，デルタ型谷底平野
極小	液状化の可能性はきわめて小さい	小	液状化の可能性は小さい	扇状地，砂礫質の河原，砂礫州，砂丘，海浜，扇状地型谷底平野
なし	可能性なし	なし	可能性なし	台地・段丘，丘陵地，山地

・ここで言う盛土地とは，崖・斜面に近接した盛土地，低湿地・干拓地・谷底平野上の盛土地をさす．これ以外の盛土地は，盛土前の微地形区分と同等に扱う．
・自然堤防のうち，自然堤防縁辺部，比高の小さい自然堤防など地下水位が高い部分(G.L.-2m〜-3m以浅)は液状化の可能性を1ランク高く評価する．
・砂丘のうち，砂丘末端緩斜面や切土地など地下水位が高い部分は液状化の可能性を2ランク高く評価する．

修正は，1995 年の阪神・淡路大震災において大規模な被害が生じた経験・教訓を踏まえて行われた．「防災基本計画」には，構造物や施設の耐震性確保について，以下のような基本的な考え方が示されている．

「構造物・施設の耐震設計に当たっては，供用期間中に 1～2 度発生する確率を持つ一般的な地震動，及び発生確率は低いが直下型地震及び海溝型巨大地震に起因する更に高いレベルの地震動をともに考慮の対象とするものとする」

上記の「防災基本計画」には，「一般的な地震動」，「更に高いレベルの地震動」に相当する具体的な数値は示されておらず，各種構造物の耐震基準の中での裁量にゆだねられている．構造物の種類によって耐震設計用地震動の設定の仕方は異なるが，上記の 2 つのレベルの地震動を「レベル 1」，「レベル 2」と呼んでいる点では共通している．表 2.5 に関していえば，レベル 1 地震動が気象庁震度階級の震度 5 強程度，「レベル 2 地震動」が震度 6 強程度以上というのが一般的な認識と思われる．表 2.4 と表 2.5 を見比べればわかるように，表 2.5 の「レベル 1 地震動」による液状化の可能性「大」，「小」，「極小」は，表 2.4 の震度 V 程度の地震による液状化の可能性「大」，「中」，「小」と同じである．なお，表 2.4 の震度 V とは，現在の計測震度による 10 段階の気象庁震度階級(1996.2)が採用される前の，8 段階の旧気象庁震度階級(現行と異なり震度 5 が震度 5 強と震度 5 弱に細分されていない)に基づく震度である．

(2) 本マップを利用した液状化危険度マップ

以下では，表 2.4 を利用した全国的な液状化の可能性の評価例[31]を紹介する．表 2.4 には，本マップによる地形分類データには含まれていない地形単位がいくつかあるため，以下のような細分類が必要である．1) 地形分類データの谷底低地を，砂礫地盤で構成される扇状地型谷底平野と，砂泥質地盤で構成されるデルタ型谷底平野に，2) 扇状地を，縦断勾配が 0.5% 程度以上の急勾配扇状地・沖積錐と，0.5% 以下の緩勾配扇状地に，3) 自然堤防を，比高の小さい自然堤防および自然堤防周辺部とそれ以外の自然堤防に，4) 砂州・砂礫州を，砂州と砂礫州に，5) 砂丘を，砂丘末端緩斜面とそれ以外の部分

に，それぞれ細分類する．しかしながら，上記3)〜5)については，本マップの基本サイズが約1km四方と粗いため細分類が困難な地域が多い．そこで，3)〜5)については細分類せずに，それぞれ2つの細分類のうち，液状化の可能性が高い方を採ることにした．

　上記1)の細分類は以下のように行った．まず，日本各地から無作為に選んだ谷底低地を対象として，谷底の横断面の形状を凸型と凹型に分類した．この場合，凸型の谷底低地は土石流や土砂流による砂礫質堆積物から構成され，凹型の谷底低地は掃流による砂泥質堆積物で構成されていると推測される．ボーリングデータ等とも照合した結果，横断面の形状と構成物質は概ねよく対応していた．次に，谷の縦断勾配と谷幅の関係に着目した．縦断勾配が急傾斜なら氾濫原はきわめて狭く，したがって谷底の堆積層の厚さは薄く，堆積物が粗粒であることが予想される．これに対して，谷の縦断勾配が比較的緩傾斜であれば，広い氾濫原を有し，細粒の堆積物が厚く堆積していると考えられる．

　以上のように試行錯誤的に分類した谷底低地のタイプと，本マップに含まれるメッシュ傾斜との関係を調べた．その結果，凸型谷底低地と凹型谷底低地を区分するメッシュ傾斜(正接)のしきい値は0.01〜0.04であった．一方，谷幅が数km以上の比較的広い氾濫源をもつ谷底低地と狭い谷底低地の境界となるメッシュ傾斜のしきい値は0.01程度であった．このことから，本研究ではメッシュ傾斜の正接が0.01以上のものを巨礫ないし砂礫で構成される扇状地型谷底低地とし，0.01未満のものを砂泥質地盤で構成されるデルタ型谷底平野として細分類した．

　また，前述2)の扇状地に関して，扇状地の縦断勾配とメッシュ傾斜の関係を調べた．その結果，谷底低地と同様にメッシュ傾斜0.01を境に縦断勾配が0.5%程度以上の急勾配扇状地・沖積錐と，0.5%以下の緩勾配扇状地を概ねよく区分できることがわかった．

　以上のしきい値を用いて，まず，本マップの地形分類データの谷底低地と扇状地を細分類し，その後，**表2.4**に基づき全国的な液状化の可能性のマップを作成した．その結果を**図2.9**に示す．震度V程度の地震により液状化の可能性が高いメッシュが集中する地域は，首都圏，中京圏，新潟地域などに

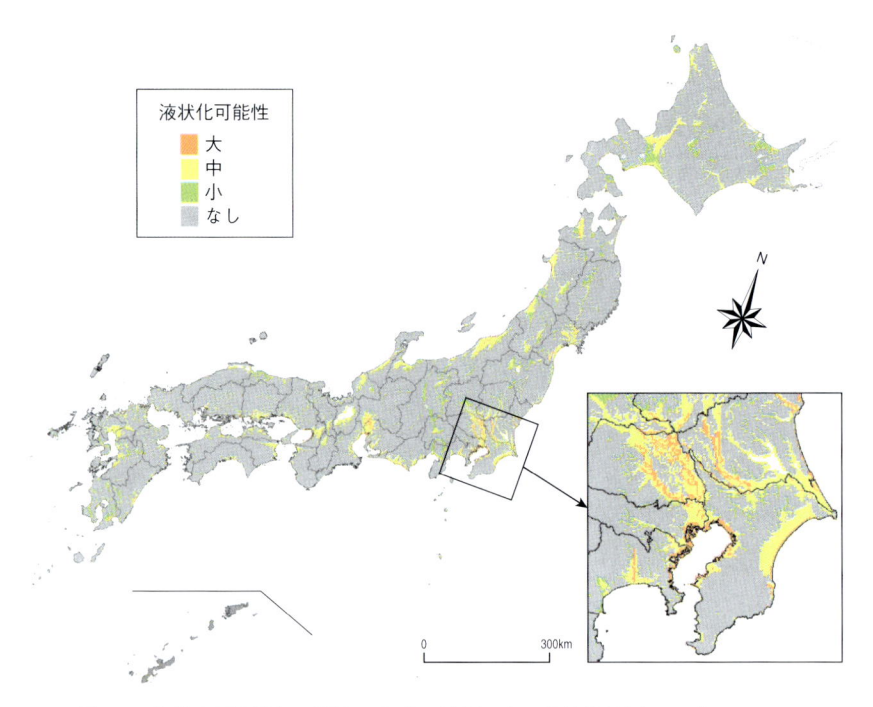

図2.9 気象庁震度階級の震度V程度の地震による液状化予測マップ[31]
Fig. 2.9 Map of liquefaction potential subjected to ground motion of the JMA intensity of V or MMS VIII based on geomorphologic criteria (Wakamatsu et al., 2004)

集中している．図2.10は，わが国における過去100年間の液状化発生地点を示しているが，図2.9の液状化の可能性が高いメッシュの集中域は，図2.10の過去の液状化履歴地点が集中する地域とよく一致している．

3.2 想定地震による液状化危険度の予測

(1) 地形分類と最大速度に基づく液状化危険度予測

ある地震を想定して対象地域の液状化危険度予測を行う方法には，Kotoda et al.[33]，松岡ほか[34] などがあるが，両者とも基本的な考え方は同じであり，次の手順で行う．

1) ある地震を想定して対象地域での最大地動速度(PGV)の分布をメッシュ単位(本マップを利用する場合は，約1km四方の基準地域メッシュ単位)

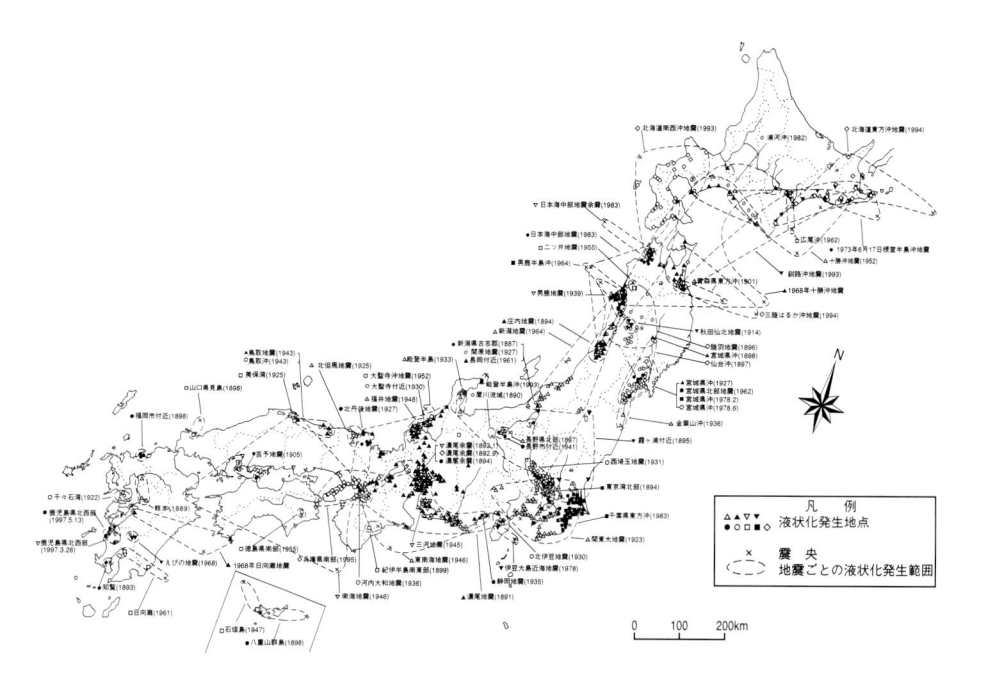

図 2.10 わが国における 1885〜1997 年の液状化発生地点 (若松[32])に 1987〜1997 年の液状化発生地点を加筆)

Fig. 2.10 Historic liquefaction sites in Japan during the period of 1885-1997 (Wakamatsu, 2000)

で計算する．

2) 最大速度分布と本マップの地形分類データを重ね合わせ，メッシュごとに最大速度と微地形区分をそれぞれ読み取る．

3) 表 2.6 に基づき，各メッシュでの液状化発生の有無を判定し，液状化発生領域をメッシュ単位で予測する．

上記 1) の最大速度分布を求める方法は，簡便な手法から詳細な手法まで各種あるが，ここでは，前章で紹介した松岡ほか[20]による深さ 30 m までの地盤の平均 S 波速度 ($AVS30$) から求まる地盤の増幅度を考慮して，簡便に液状化

表 2.6 液状化が発生する最大地動速度 (PGV)[33]

微地形区分	液状化が発生する PGV
埋立地・干拓地・自然堤防・河道・砂丘末端斜面・砂丘間低地	15 cm/s
後背湿地・谷底平野・デルタ	25 cm/s
砂州・扇状地	35 cm/s

3. 液状化危険度の予測——59

危険度の予測を行う方法を紹介する．

前章2.4で導かれた式(2.1)を用いて，対象地域の平均S波速度$AVS30$をメッシュ単位で算出する．$AVS30$の推定式は，国土数値情報の地形分類データに基づいて導かれた式[5),10)]があるが，本マップを利用して液状化予測を行う場合，同じ地形分類データを用いて構築した式(2.1)を用いるのがよい．

次に算出した$AVS30$と地盤の増幅度を求めるための経験式を用いて，最大地動速度に対する地盤の増幅度(ARV)を算出する．既往の研究では，1987年千葉県東方沖地震の強震記録から導かれた経験式[19)]を利用している例が多いが，最近，藤本・翠川[35)]は，これにさらに新しいデータを加えた経験式を提案している．AVSが600 m/s程度の硬質地盤を増幅度の基準の地盤とした場合，ARVは以下の式で与えられる．ただし，$AVS30$の単位はm/sで，式の最後の値は標準偏差を示す．

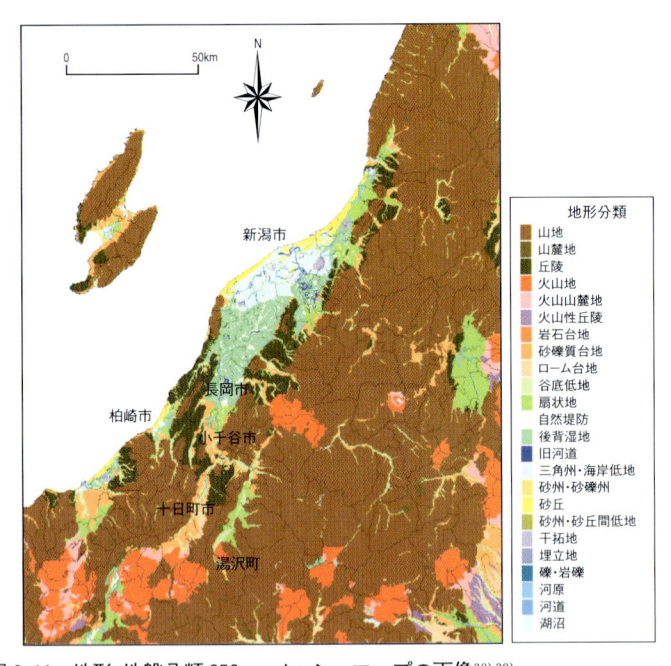

図2.11　地形・地盤分類250 mメッシュマップの画像[38),39)]
Fig. 2.11 7.5-Arc-Second Japan Engineering Geomorphologic Map for Niigata Region (Wakamatsu *et al.*, 2005)

$$\log ARV = 2.367 - 0.852 \log AVS30 \pm 0.166 \qquad (2.2)$$

任意のメッシュでの最大地動速度(PGV)は，基準地盤の最大速度にこの増幅度(ARV)を乗じることで求められる．基準地盤での最大速度を求める手法は色々あるが，最も簡便な方法は震源諸元と既往の距離減衰式[たとえば36),37)]から求めることである．

(2) 地形分類と最大速度に基づく液状化危険度マップ

本マップを用いて，2004年新潟県中越地震による最大地動速度(PGV)の分布を推定し，液状化危険度予測を行った事例[38)]を紹介する．なお，ここでは，対象地域が新潟県内と比較的狭い領域のため，本デジタルマップをさらに細密化した250mメッシュのデジタルマップ(図 2.11)を用いて予測を行った．また，地震発生直後に早期に液状化発生地域を予測するとの観点から，

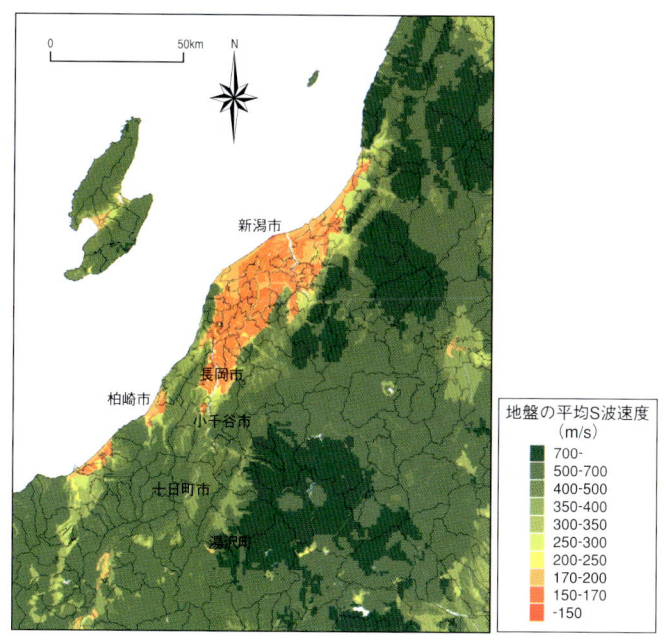

図2.12 推定した平均S波速度 $AVS30$ の分布[38)]
Fig. 2.12 Average shear-wave velocity distribution estimated by the 7.5-Arc-Second JEGM (Wakamatsu *et al.*, 2005)

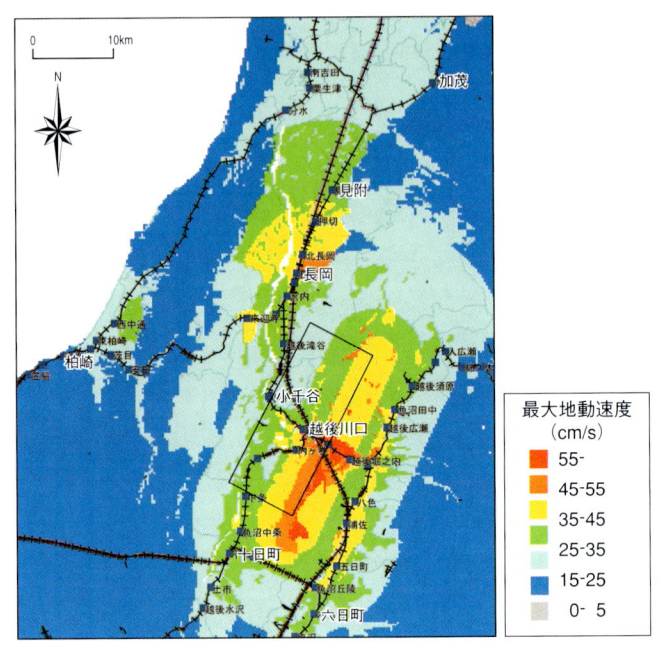

図 2.13 推定した最大地動速度 PGV の分布（黒の矩形は八木[40]による地震断層の位置を示す）[38]

Fig. 2.13 Distribution of peak ground velocity estimated by regression formula (Wakamatsu et al., 2005)

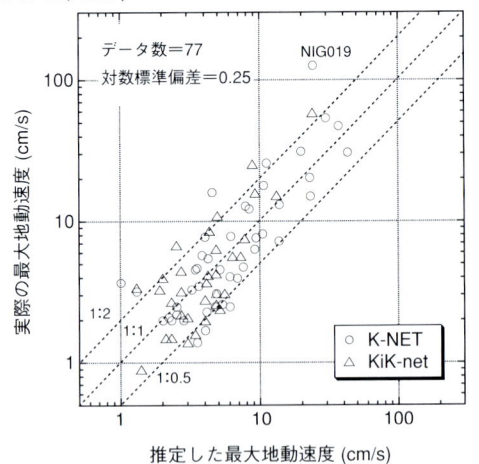

図 2.14 最大地動速度 PGV の推定値と実測値の比較[38]

Fig. 2.14 Relationship between estimated peak ground velocity and observed peak ground velocity (Wakamatsu et al., 2005)

PGV の算出を震源諸元と既往の距離減衰式から簡便に求めている．

1) 最大速度分布の推定

まず，地盤の増幅特性を評価するために，250mメッシュのマップに含まれる微地形区分を用いて，地表から深さ30mまでの地盤の平均S波速度分布($AVS30$)を推定した．$AVS30$の値は，式(2.1)を用いて，250mメッシュ単位で算出している．微地形区分を基本変量として，地盤の標高，傾斜，古い時代に形成された山地・丘陵までの距離から求められる．なお，標高，傾斜の値と地質年代は，本マップに含まれるデータを利用した．図2.12に推定した$AVS30$の分布を示す．新潟平野では，$AVS30$が150m/s前後の比較的軟弱な地盤が広がり，中越地方の谷底低地やその周辺の扇状地と台地の$AVS30$は350～500m/sの範囲と推定される．その後，式(2.2)により，$AVS30$から基準地盤($AVS30$が600m/s相当)に対するPGVの増幅度を算出した．

地表でのPGVは基準地盤でのPGVに増幅度を乗じることで得られる．ここでは，基準地盤でのPGVの分布は，地震断層[40]を想定し，断層面からの最短距離による距離減衰式[36]から簡便に求めた．その結果を図2.13に示す．

防災科学技術研究所のK-NETとKiK-netによる地表の強震観測点が含まれるメッシュについて，計算されたPGVと実測値の比較を図2.14に示す．小千谷観測点(NIG019)では局所的な表層地盤の影響もあり，実測値は推定値より約5倍も大きいが，ほとんどの強震観測地点のPGVは，対数標準偏差で0.25(おおよそ0.56～1.77倍)の精度で推定されている．

2) 液状化危険度の評価

以上の手順で推定したPGVと図2.11の地形・地盤分類250mメッシュマップを重ね合わせ，各メッシュの最大速度振幅と，表2.6に示す液状化が発生する最大地動速度振幅との大小関係を比較した．ここでは，松岡ほか[34]にならい，各メッシュの最大速度振幅が表2.6の値の1.25倍以上となる地域を液状化危険度が「大」，1～1.25倍となる地域を危険度「中」，0.75～1倍となる地域を危険度「小」とした．

なお，表2.6では，デジタルマップの地形分類データには区分されていな

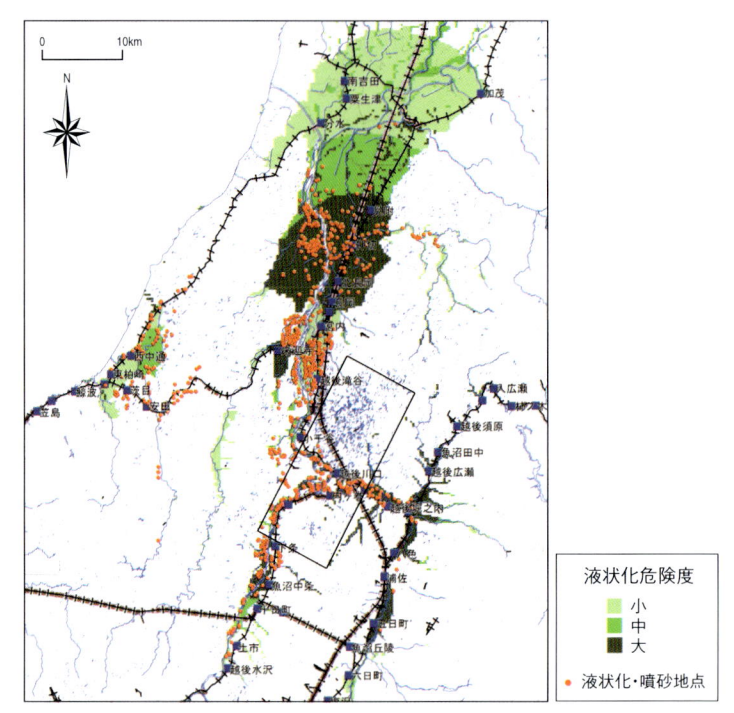

図2.15 液状化危険度の予測結果と実際の液状化発生地点の分布との比較[38]（図中の青い線と点は河川や池などを示す）

Fig. 2.15 Comparison between estimated liquefaction area and observed liquefaction sites during the 2004 Niigata-ken Chuetsu earthquake (Wakamatsu *et al.*, 2005)

い「砂丘末端斜面」という微地形区分が存在する．砂丘末端斜面とは，砂丘縁辺部の低地に接する部分である．そこで，今回は図2.11の地形分類図のうち，デルタ，後背湿地など，砂丘以外の低地と接する砂丘のメッシュを「砂丘末端斜面」とした．

　液状化危険度の予測結果を図2.15に示す．図では，見附から長岡にいたる地域に危険度大の地域が広がっている．また，小面積ではあるが，柏崎北東部の越後線沿いの砂丘末端斜面も液状化危険度大となっている．小千谷以南の信濃川および魚野川沿いの狭い谷底低地は，危険度中ないし大となっている．

　図2.15には，新潟県中越地震の際に噴砂が観察された地点の分布[41]も合わ

せて示す．液状化危険度大の地域では，噴砂も高密度に発生しており，予測結果と良く対応している．

一方，長岡市宮内から越後滝谷にかけての地域は，大部分のメッシュで液状化危険度が小となっているにもかかわらず，噴砂が高密度に発生している．この地域は地形的には扇状地に該当する密実な砂礫地盤であるが，ここでは水田で建設骨材用の砂礫の採掘が広範囲に行われており，液状化は自然地盤ではなく，砂礫採掘跡地の埋戻し地盤で発生したことが明らかになっている[41]．このため表 2.6 に示した値以下の PGV で液状化が発生したものと推察される．

また，柏崎市西部の信越本線沿いに，液状化危険度が小未満であるにもかかわらず，噴砂地点が集中している．噴砂が発生した地点は地形的には谷底低地であるが，液状化が生じた地点はいずれも自然地盤ではなく，水田を砂丘の砂や山砂で盛土して宅地化した所である．このことから，一般の谷底低地より液状化しやすかったものと推定される．見附以北の地域は液状化危険度が小ないし中であるにも関わらず，実際には噴砂がほとんど報告されていない．K-NET の三条観測点(NIG014)はこの範囲に位置するが，観測値が約 15 cm/s であるのに対して推定値が約 23 cm/s とやや大きい．PGV の分布が実際より過大評価である可能性もある．

ここでは，きわめて簡便な手法で地震動評価および液状化危険度評価を行ったため，残された課題もあるが，自然堆積地盤の液状化予測に関しては概ね良好な結果が得られたと言えよう．

4. 流域単位の潜在的侵食速度分布の推定

4.1 はじめに

土砂災害を予測するには，誘因となる降雨情報のほかに素因となる地形・地質の情報や災害履歴などの情報が重要である．土砂災害の要因分析や土地の侵食量を近似的に表すダム堆砂量の推定を目的として，これまでにも様々な地形量が提案されている[42]〜[47]．しかし，分析の対象としたダム数が十分で

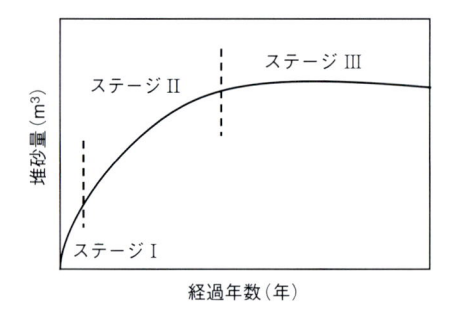

図2.16　一般的なダム堆砂の経年グラフの形状[51]

Fig. 2.16 General profile of total reservoir sediment yield increased with age (Ashida *et al.*, 1983)

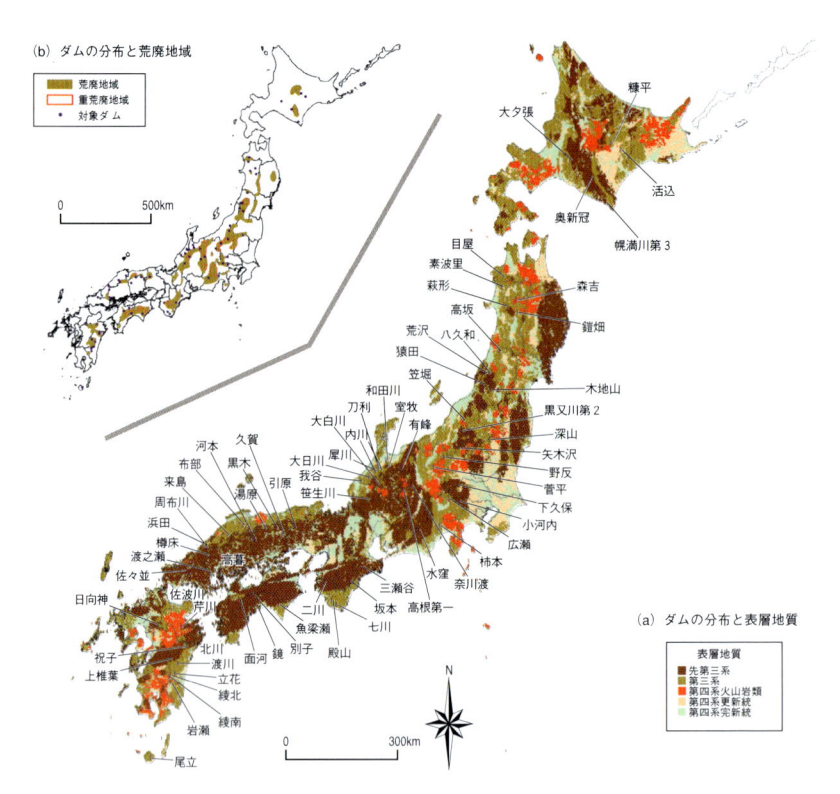

図2.17　分析に用いたダム位置，日本全国地形・地盤分類メッシュマップの表層地質および荒廃地域の分布[49]

Fig. 2.17 Location of studied dams and distributions of geologic age in the JEGM and degraded areas (Hasegawa *et al.*, 2005)

なかったり，地形量の区間ごとに算出された平均値に対して分析を行っているため，精度上問題がある．また，高さの次元をもつ高度分散量などの地形量は，斜面の傾斜を間接的に表現するために用いられてきたものであり[48]，本来の地形変化を表現する物理量としては，傾斜がふさわしいと考えられる．

このような背景から，ダムの比堆砂量を本マップに含まれるメッシュごとの傾斜データと表層地質データを用いて推定し，全国の侵食速度ポテンシャルマップを作成した長谷川ほか[49]の研究について紹介する．

4.2　ダム堆砂量データの作成

ダムの比堆砂量(10^3 m³/km²/年)は，年平均堆砂量を流域面積で除して得られる．ここでは年平均堆砂量を求めるために，全国のダム堆砂量データベースを作成し，それらのダムの流域面積を算出するために流域ポリゴンをGISにて構築した．

(1) 全国のダム堆砂量のデータベース化

本研究にて使用したダム堆砂データは，『電力土木』[50]誌上に公表された昭和37年(1962)から平成13年(2001)までの堆砂データである．これに基づきダム単位の堆砂量の経年グラフ(以下，堆砂グラフと呼ぶ)を作成した．

堆砂グラフから経年変化の勾配を計測したものが年平均堆砂量である．芦田ほか[51]によると，一般的な堆砂の経年変化には図 2.16 に示すような3段階があり，比較的安定した堆砂の傾向を示すステージⅡが，自然環境による堆砂傾向を最もよく表しているとされる．このステージを判読するためには，ある程度長期間にわたって堆砂グラフを作成する必要がある．そこで，本研究では昭和20年代から40年代に竣工したダムを採用することとした．これによって，竣工直後から現在まで少なくとも25年以上の堆砂の傾向を把握できる．

これらの堆砂データのうち，他のダムの影響を受けず，土砂の捕捉率が100％に近いダムのデータが，自然な状態での堆砂傾向を示していると考えられる．このようなダムを選ぶにあたり，芦田ほか[51]の研究を参考にして，次のような条件を満たすダムを選ぶことにした．

1) 上流に大規模ダムが存在しない
2) 貯水容量が 200 万 m³ 以上である
3) 堆砂率が 25% 以下である

　上記の 1) は他のダムの影響を受けない条件であり，国土数値情報のダム位置および地形図により判断した．最上流に位置していなくても，上流のダムの竣工年と堆砂グラフから判断して上流のダムの影響がほとんどないと判断される場合，そのダムも採用した．2)，3) は土砂の捕捉率がほぼ 100% とされる経験的な条件であり，電力土木誌上に公開されている情報によって判断した．

　以上，三つの条件を満たしたダムのほとんどの堆砂グラフは，**図 2.16** のような一般的な形状を示さず，ステージ II を確認できなかった．そこで，ここでは，近年の研究[52]を参考にして堆砂量の経年変化をまず 5 つのタイプに分類し，それぞれについて代表的な勾配を読み取った．堆砂グラフの勾配が読み取れるダムの数は，本研究で作成したデータベースのダム総数 391 のうち 72 であり，以降の検討に用いることにした．72 のダムの位置を**図 2.17(a)**に，ダム諸元，堆砂グラフの一覧を**表 2.7**に示す．

(2) ダム流域 GIS データの構築

　ダムの堆砂量を，GIS を用いて分析するためには，ダムの集水域に相当する流域ポリゴンデータが必要である．流域ポリゴンを取得するため，国土地理院発行の 5 万分の 1 地形図画像に地理的位置合わせを施したものを背景図として，等高線に基づいて集水域を切り出した．GIS によるポリゴン計測によって得られた面積を**表 2.7**に示す．なお，流域ポリゴンの面積は，ダム年鑑[53]に掲載されている流域面積とほぼ同じ値になること，国土数値情報の流域界[54]と取得した流域界がほぼ一致することを確認した．

4.3　比堆砂量と地形量との比較

　本研究では，ダム流域内に含まれるメッシュごとの傾斜の合計値を各々のダムの流域面積で除した値を平均メッシュ傾斜と定義する．メッシュごとの傾斜は，本マップの傾斜データを用いている．

表 2.7 ダムの諸元および計測値（長谷川（ほか）[49]に加筆）

No.	地域*	ダム名	水系	総貯水量 (10³m³)	堆砂率	竣工年	流域面積 (km²)	堆砂グラフタイプ	推砂量 (10³m³/年)	比堆砂量 (10³m³/km²/年)	平均メッシュ傾斜	表層地質
1	北海道	奥新冠	新冠川	6,665	13.1	1963	51.9	2	84.78	1.63	0.43	混在
2	北海道	大夕張	石狩川	87,300	16.7	1959	432.8	5	696.05	1.61	0.19	先第三系
3	北海道	幌満川第3	幌満川	15,379	7.9	1954	140.7	1	21.60	0.15	0.29	第三系
4	北海道	糠平	十勝川	193,900	4.9	1956	392.6	2	297.70	0.76	0.22	第三系
5	北海道	活込	十勝川	17,410	19.1	1955	524.3	2	203.11	0.39	0.19	第三系
6	東北	目屋	岩木川	39,000	7.8	1959	170.8	5	105.67	0.62	0.24	第四系火山岩類
7	東北	菅平	信濃川	3,451	8.0	1968	32.0	5	10.77	0.34	0.15	先第三系
8	東北	黒又川第2	信濃川	60,000	3.3	1964	84.5	4	50.80	0.60	0.29	先第三系
9	東北	野反	信濃川	28,700	0.8	1956	8.8	1	1.80	0.20	0.17	第三系
10	東北	奈川渡	信濃川	123,000	9.2	1969	374.4	5	316.43	0.85	0.35	先第三系
11	東北	笠堀	雄物川	15,400	12.1	1964	68.5	2	93.57	1.37	0.33	第三系
12	東北	鎧畑	三面川	51,000	8.8	1957	316.4	2	80.60	0.25	0.19	混在
13	東北	荒沢	最上川	11,740	17.9	1955	86.1	3	164.20	1.91	0.27	先第三系
14	東北	八久和	最上川	41,420	8.5	1957	163.5	5	117.71	0.72	0.27	混在
15	東北	木地山	最上川	49,028	9.2	1960	142.6	5	112.14	0.79	0.30	先第三系
16	東北	高坂	最上川	8,200	10.2	1967	61.2	2	26.28	0.43	0.27	先第三系
17	東北	萩形	信濃川	19,050	10.4	1966	68.6	5	50.25	0.73	0.23	第三系
18	東北	素波里	信濃川	14,950	8.8	1970	85.2	2	29.25	0.34	0.27	混在
19	東北	森吉	米代川	42,500	2.8	1953	98.4	2	69.56	0.71	0.28	第三系
20	関東	矢木沢	利根川	37,200	7.8	1967	126.7	2	50.57	0.40	0.14	第四系火山岩類
21	関東	下久保	利根川	204,300	1.3	1968	166.8	5	87.00	0.52	0.31	先第三系
22	関東	深山	那珂川	130,000	6.1	1973	323.8	2	385.35	1.19	0.27	先第三系
23	関東	小河内	多摩川	25,800	3.7	1957	52.5	5	44.25	0.84	0.31	第三系
24	関東	広瀬	富士川	189,100	2.7	1974	259.4	1	150.38	0.58	0.30	先第三系
25	東海	柿本	富士川	14,300	9.3	1952	74.4	1	18.83	0.25	0.30	第三系
26	東海	水窪	天竜川	7,592	18.4	1971	33.2	1	30.41	0.92	0.33	第三系
27	東海		天竜川	30,000	23.6		56.7	1	193.13	3.41	0.40	先第三系

4. 流域単位の潜在的侵食速度分布の推定

No.	地域*	ダム名	水系	総貯水量 (10^3m^3)	堆砂率	竣工年	流域面積 (km^2)	堆砂グラフタイプ	堆砂量 (10^3m^3/年)	比堆砂量 ($10^3m^3/km^2$/年)	平均メッシュ傾斜	表層地質
28	東海	高根第一	木曽川	43,568	5.6	1969	126.1	2	107.00	0.85	0.21	第四紀火山岩類
29	北陸	笹生川	九頭竜川	58,806	5.6	1957	70.6	1	39.63	0.56	0.25	先第三系
30	北陸	大白川	庄川	14,200	14.1	1963	20.6	3	47.73	2.32	0.39	先第三系
31	北陸	和田川	庄川	3,070	9.5	1967	32.6	2	9.11	0.28	0.07	第三系
32	北陸	大日川	手取川	27,200	2.1	1967	85.3	3	16.94	0.20	0.21	第三系
33	北陸	刀利	小矢部川	31,400	5.2	1966	43.1	2	32.55	0.75	0.28	混在
34	北陸	室牧	神通川	17,000	14.2	1961	82.6	1	38.40	0.46	0.27	第三系
35	北陸	有峰	常願寺川	222,000	0.4	1959	51.5	2	37.10	0.72	0.22	先第三系
36	北陸	犀川	犀川	14,300	9.4	1965	56.4	2	64.64	1.15	0.35	第三系
37	北陸	内川	犀川	9,500	6.0	1974	35.3	3	9.68	0.27	0.28	第三系
38	北陸	我谷	大聖寺川	10,100	10.7	1964	85.8	2	57.38	0.67	0.25	第三系
39	近畿	坂本	熊野川	87,000	2.0	1962	76.0	1	34.26	0.45	0.33	先第三系
40	近畿	殿山	日置川	25,446	16.8	1957	293.4	5	44.56	0.15	0.22	先第三系
41	近畿	七川	古座川	30,800	3.5	1956	101.9	2	45.33	0.44	0.20	先第三系
42	近畿	三瀬谷	宮川	13,100	20.7	1966	314.7	3	102.00	0.32	0.28	先第三系
43	近畿	二川	有田川	30,100	15.4	1966	228.7	5	124.58	0.54	0.22	先第三系
44	近畿	引原	揖保川	21,950	2.1	1957	51.5	2	16.00	0.31	0.21	先第三系
45	中国	河本	高梁川	17,350	17.7	1964	326.1	2	34.75	0.11	0.14	第三系
46	中国	黒木	吉井川	6,000	10.0	1966	49.0	4	14.80	0.30	0.18	先第三系
47	中国	久賀	吉井川	4,400	5.6	1973	61.1	2	13.43	0.22	0.17	先第三系
48	中国	湯原	旭川	99,600	1.2	1954	256.1	3	38.59	0.15	0.12	混在
49	中国	樽床	太田川	20,600	2.2	1957	41.0	5	16.53	0.40	0.10	先第三系
50	中国	渡之瀬	小瀬川	10,424	6.1	1956	73.8	5	23.78	0.32	0.13	先第三系
51	中国	佐々並	阿武川	20,100	5.5	1959	90.8	5	29.38	0.32	0.13	先第三系
52	中国	周布田	周布川	10,173	11.5	1961	86.4	5	36.00	0.42	0.17	先第三系
53	中国	浜田	浜田川	5,240	6.3	1962	31.8	3	10.42	0.33	0.10	混在
54	中国	高暮	江ノ川	39,658	2.3	1949	157.1	1	13.03	0.08	0.15	混在
55	中国	来島	神戸川	23,470	5.9	1956	142.0	5	40.67	0.29	0.13	混在

No.	地域*	ダム名	水系	総貯水量 (10^3m^3)	堆砂率	竣工年	流域面積 (km^2)	堆砂グラフタイプ	堆砂量 (10^3m^3/年)	比堆砂量 (10^3m^3/km^2/年)	平均メッシュ傾斜	表層地質
56	中国	布部	斐伊川	7,100	11.4	1967	69.4	2	25.00	0.36	0.14	第三系
57	中国	佐波川	佐波川	24,600	3.9	1955	86.2	2	12.00	0.14	0.20	先第三系
58	四国	鏡	鏡川	9,380	10.7	1966	80.8	1	25.17	0.31	0.24	先第三系
59	四国	別子	吉野川	5,628	5.8	1965	15.2	5	13.13	0.87	0.29	先第三系
60	四国	面河	淀川	28,300	0.7	1965	16.1	5	5.14	0.32	0.18	第三系
61	四国	魚梁瀬	奈半利川	104,625	6.6	1970	100.6	5	105.11	1.05	0.27	先第三系
62	九州	芹川	大分川	27,500	4.0	1956	124.2	5	18.21	0.15	0.10	第四系火山岩類
63	九州	北川	五ヶ瀬川	41,000	3.0	1962	181.3	1	32.70	0.18	0.15	先第三系
64	九州	上椎葉	耳川	91,550	17.6	1955	211.1	1	118.27	0.56	0.28	第三系
65	九州	渡川	小丸川	33,900	21.6	1955	80.0	5	17.39	0.22	0.22	第三系
66	九州	立花	一ツ瀬川	10,000	14.0	1963	39.9	5	56.94	1.43	0.28	第三系
67	九州	綾南	大淀川	38,000	4.2	1958	86.6	5	27.69	0.32	0.16	第三系
68	九州	綾北	大淀川	21,300	21.5	1960	148.3	5	102.06	0.69	0.23	第三系
69	九州	岩瀬	岩瀬川	57,000	18.8	1967	356.7	5	180.54	0.51	0.10	第四系火山岩類
70	九州	祝子	祝子川	5,774	8.4	1972	45.7	1	16.54	0.36	0.27	混在
71	九州	日向神	矢部川	27,900	2.7	1959	82.9	5	13.63	0.16	0.18	第三系
72	九州	尾立	安房川	2,265	12.5	1963	20.8	5	11.48	0.55	0.18	第三系

* 地域分けは、ダム堆砂量の出典である『電力土木』誌の分類に従った.

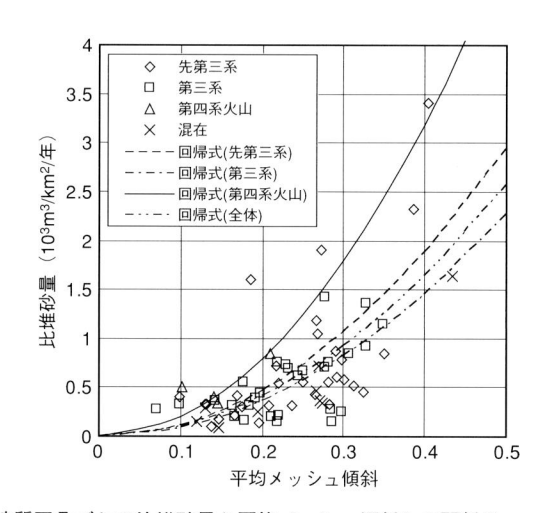

図2.18 地質区分ごとの比堆砂量と平均メッシュ傾斜との関係[49]
Fig. 2.18 Relationship between specific sedimentation rate and average grid slope by geologic age (Hasegawa et al., 2005)

　図2.18に，比堆砂量と平均メッシュ傾斜の関係を示す．プロットはダムの流域の表層地質ごとに記号を変えている．この表層地質も本マップに含まれる表層地質データを利用してグループ分けした．また，同様な図を，従来砂防分野で用いられてきた起伏量比[42],[43]，流域面積[43],[44]，地貌係数[45]，基準高度分散量[46]，起伏度×平均標高[47]などの地形量についても作成し，直線近似による相関係数を求めた．その結果，平均メッシュ傾斜の相関係数が最も高いことが明らかになった．

　図2.18では，いずれの地質区分においてもある程度の相関がみられる．第四系火山岩類のデータが少ないが，地質区分ごとに平均メッシュ傾斜の二乗値を変数として，原点を通る条件で回帰分析を行った．回帰式を式(2.3)に示す．ここでyは比堆砂量($10^3 \text{m}^3/\text{km}^2/$年)，$x$は平均メッシュ傾斜である．式(2.3)の地質区分ごとの係数aと標準偏差σの値を表2.8に示す．重相関係数

表2.8 式(2.3)の係数と標準偏差[49]

地質区分	a(係数)	σ(標準偏差)
先第三系	11.8	0.53
第三系	9.1	0.29
第四系火山	19.8	0.16
全体	10.3	0.41

は，表 2.8 の地質区分の順で，0.67，0.61，0.79 であった．

$$y = ax^2 \pm \sigma \tag{2.3}$$

なお，表 2.8 には，地質区分をせずに全体データについて同様の回帰分析を行った結果も併せて示しており，図 2.18 中には式(2.3)の回帰曲線も示している．

回帰式の係数は，第四系火山岩類の値が最も大きく，土砂の流出し易さが最も高い地質であることを示している．次いで，先第三系，第三系の順で小さくなる傾向がみられた．この傾向は，斜面の大規模崩壊の事例が多い地質が第四紀の火山地域および中生代～古第三紀の地層であること[55]と調和的である．しかし，式(2.3)のうち第四系火山岩類では，データが少ないため，回帰式の信頼性は高いとはいえない．より多くのデータに基づいた傾向の把握が今後の課題といえる．

4.4 平均メッシュ傾斜による侵食速度の推定

(1) 地域による分類

図 2.19 に，堆砂量と平均メッシュ傾斜の関係を地域ごとにシンボルをかえ

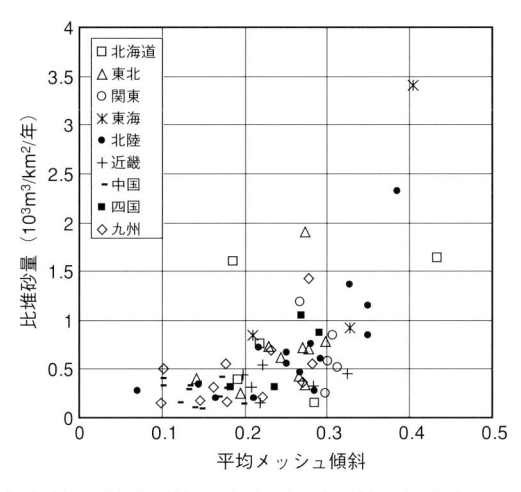

図 2.19 地域ごとの比堆砂量と平均メッシュ傾斜との関係[49]
Fig. 2.19 Relationship between specific sedimentation rate and average grid slope by district (Hasegawa *et al.*, 2005)

表2.9 地域別の各種合計値の一覧[49]

地域	ダム数	堆砂量 (10^3m^3/年)	流域面積 (km^2)	比堆砂量 (10^3m^3/km^2/年)	平均 メッシュ 傾斜
北海道	5	1,303.2	1,542.2	0.85	0.21
東北	10	806.2	1,319.4	0.61	0.24
関東	5	685.8	876.8	0.78	0.29
東海	3	330.5	215.9	1.53	0.28
北陸	15	826.5	1,131.9	0.73	0.29
近畿	6	366.7	1,066.1	0.34	0.24
中国	13	308.4	1,470.6	0.21	0.14
四国	4	148.6	212.6	0.70	0.25
九州	11	595.4	1,377.3	0.43	0.18
全国	72	5,371.4	9,213.1	0.58	0.22

て示す．全体的には，平均メッシュ傾斜と堆砂量の間には二次曲線的な傾向がみられるが，地域別にみると近畿，中国，北海道で相関が低く，四国，東海，北陸で相関が高かった．

比堆砂量の平均を地域別に算出し，比較した結果を**表2.9**に示す．比堆砂量の平均が大きい地域と値は，①東海(1.53)，②北海道(0.85)，③関東(0.78)，④北陸(0.73)，小さい地域は①中国(0.21)，②近畿(0.34)，③九州(0.43)，④東北(0.61)であった．なお，ここでの地域分類では，吉良ら[56]に従って**表2.9**のうち，信濃川水系のダムを北陸に，富士川水系のダムを関東に移している．

(2) 荒廃地域での平均メッシュ傾斜と比堆砂量との関係

土砂の流出が流域の植生の影響を受けることが従来から指摘されている．たとえば，土壌侵食による土砂生産量は，草地・林地・畑作地では10^1～10^3(m^3/km^2/年)であるのに対して，崩壊地・裸地ではそれよりはるかに大きく，10^3～10^4であるという一般的な傾向が示されている[57]ことから，ダム堆砂に及ぼす荒廃地域の影響を検討する必要がある．植生がほとんどない地域は荒廃地域として示されており，砂防便覧[58]には全国の荒廃地域の分布図が掲載されている．

そこで，荒廃地域が流域内でどの程度の割合を占めるかを分析し，比堆砂量と平均メッシュ傾斜との関係を検討した．本研究では，荒廃地域の分布図

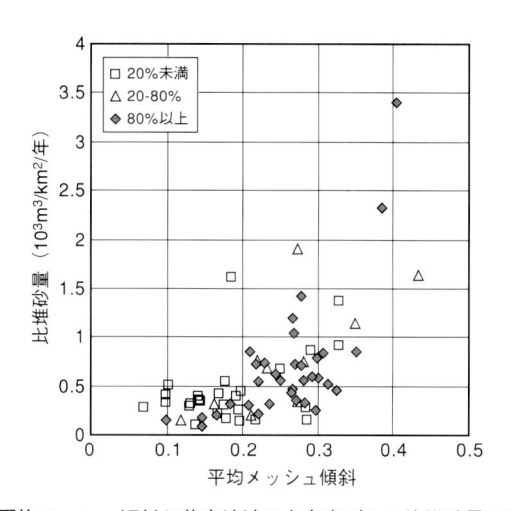

図2.20　平均メッシュ傾斜と荒廃地域の占有率ごとの比堆砂量の関係[49]
Fig. 2.20 Relationship between specific sedimentation rate and average grid slope by percentage of degraded area (Hasegawa *et al.*, 2005)

表2.10　荒廃地域占有率別の平均メッシュ傾斜と比堆砂量[49]

荒廃地域占有率	比堆砂量	平均メッシュ傾斜
20% 未満	0.45	0.18
20-80%	0.79	0.26
80% 以上	0.70	0.26

をGISにてポリゴンとして読み取り，ダム流域と重ね合わせて，比堆砂量との関係の検討に用いた．荒廃地域は図2.17(b)に示されるように，重荒廃地域と一般荒廃地域に分かれているが，両者の差異が明確に見分けられなかったため，本研究ではまとめて一つの分類として扱った．その結果を図2.20に示す．荒廃地域の占有率による分類は，20%と80%をしきい値に設定し，ほとんど含まない場合(20%未満)，ほとんどすべてが荒廃地域である場合(80%以上)，両者の中間の場合(20%以上80%未満)の3分類とした．

図2.20で，荒廃地域の占有率と平均メッシュ傾斜の関係をみると，平均メッシュ傾斜の値が0.2付近より小さい流域は，荒廃地域の占有率20%未満が多く，逆に0.2付近より大きい流域は，荒廃地域の占有率20%以上が多い．

図2.20において荒廃地域の占有率が20%未満の流域では，平均メッシュ傾斜の値が小さく，比堆砂量も小さい傾向がある．これに対して，荒廃地域

4. 流域単位の潜在的侵食速度分布の推定——75

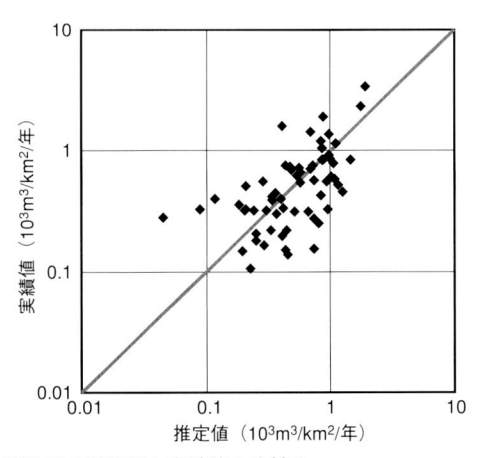

図 2.21　比堆砂量の推定値と実績値の比較[49]
Fig. 2.21 Relationship between actual specific sedimentation rate and those estimated from regression formula (2.3) (Hasegawa *et al.*, 2005)

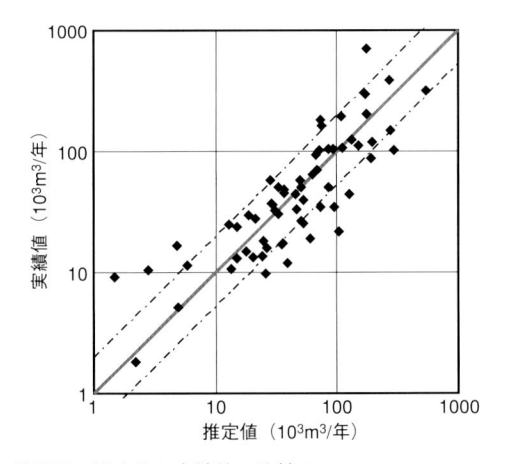

図 2.22　堆砂量の推定値と実績値の比較[49]
Fig. 2.22 Relationship between actual reservoir sediment yield and those estimated from regression formula (2.3) (Hasegawa *et al.*, 2005)

の占有率が 80% 以上の流域では，平均メッシュ傾斜の値も比堆砂量も比較的大きくなっている．そこで，荒廃地域の占有率による各分類について平均メッシュ傾斜と比堆砂量の平均値を算出した (**表 2.10**)．占有率が 20% 以上の流域での比堆砂量は，20% 未満の流域に比べて約 1.6 倍大きく，平均メッシュ傾斜の値も約 1.4 倍大きい．

以上より，簡易的には，荒廃地域の有無に関わらず，平均メッシュ傾斜のみで比堆砂量を説明できる可能性があることが示された．

(3) 本マップを用いた侵食速度の推定

式(2.3)のように，比堆砂量の推定式には，表層地質の影響が少なからずみられたので，利用した72ダムのうち地質が明瞭に区分できる63ダムについて，流域に含まれる表層地質ごとに流域の平均メッシュ傾斜を求め，これに式(2.3)を適用して比堆砂量を算出した．次に，推定された比堆砂量に流域面積を乗じて各ダムの堆砂量を推定した．

本来ならば，別に推定用のデータを用意するべきであるが，入手できるデータが限られているため，分析に用いたデータと同じものを用いた．

図2.21に式(2.3)による比堆砂量の推定値と実績値を比較した結果を示す．ここでの平均的な誤差量は±52 m³/km²/年であり，既往の研究[47]に比べても小さい．

図2.22には，比堆砂量の推定値に流域面積を乗じて求めた堆砂量の推定値と実績値を比較した結果を示す．実績値と推定値の対数値に対する標準偏差は0.29であり，両者は概ね一致している．

最後に，全国の流域に対して，本マップの表層地質，メッシュ傾斜と式(2.3)を適用して，全国の侵食速度ポテンシャルの分布を推定した．全国の流域情報は，国土数値情報の流域界ポリゴンデータ[54]を用いた．流域内の表層地質のうち，先第三系，第三系あるいは第四系火山岩類が単独で流域面積の半分以上を占める場合には式(2.3)の表層地質別の式を適用し，それらの地質がいずれも半分未満で混在している場合は式(2.3)の全体を適用した．また，第四系更新統や完新統が大半を占める流域では式(2.3)を適用できないため，空白域とした．その結果得られた全国の侵食速度ポテンシャルマップを図2.23に示す．この図より，急峻で起伏の大きい山地ではダム堆砂量が大きいと推測されるが，これは既往の研究[59]とも定性的に一致する．

地域別にダム比堆砂量の実績値と比較すると，北海道では過小評価(実績値：0.85，推定値：0.47，単位：10³m³/km²/年，以下同様)，近畿(0.34, 0.67)と北陸(0.73, 0.96)では過大評価であり，その他の地域ではおおむね同じ値

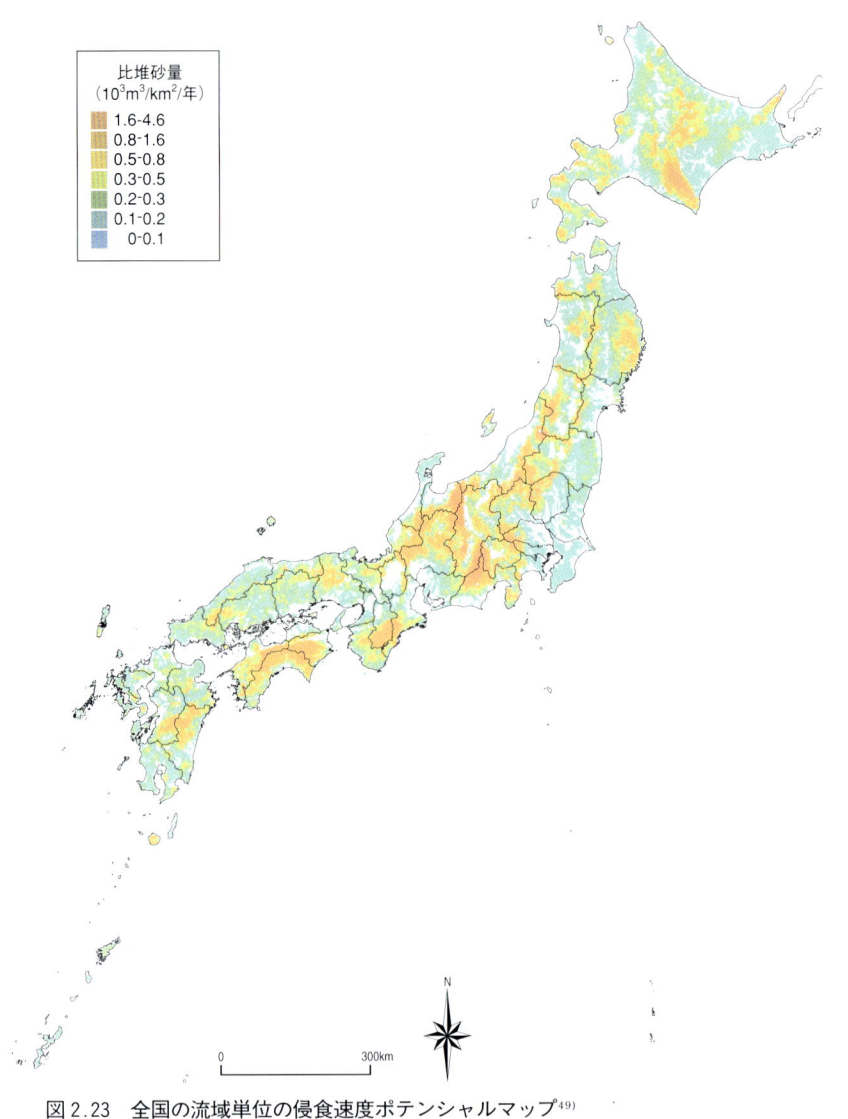

図 2.23 全国の流域単位の侵食速度ポテンシャルマップ[49]
Fig. 2.23 Map showing erosion rate potential of each drainage basin (Hasegawa *et al.*, 2005)

であった．推定結果が地域により異なる理由は，特定のダムでの過大，過小評価の影響による．たとえば，北海道では大夕張ダムと糠平ダムでの過小評価，北陸では奈川渡ダムでの，近畿では三瀬谷，殿山，坂本ダムでの過大評価の影響が挙げられる．推定精度の向上にはこれらの誤差の低減が必要である．

4.5 まとめ

本研究では，土砂災害の素因となる「山地の崩れやすさ」を広域で把握することを目的として，本マップに含まれる平均メッシュ傾斜と表層地質を用いて，潜在的侵食速度を簡便に推定する手法を提案した．提案する手法を国土数値情報の流域ポリゴンと本マップに適用して，全国の侵食速度ポテンシャルマップを作成した．

今後，地域別の降雨量と侵食速度やマスムーブメントによる崩壊土砂量との関係を検討し，集中豪雨や地震による土砂災害の予測へと展開できるものと考えられる．

第2部の参考文献

1) 大矢雅彦：木曽川流域濃尾平野水害地形分類図，総理府資源調査会，水害地域に関する調査研究，第1部付図，1956．
2) 大矢雅彦，古藤田喜久雄，若松加寿江，久保純子：庄内平野水害・地盤液状化予測地形分類図，建設省東北地方建設局最上川工事事務所，1982．
3) 大矢雅彦，加藤泰彦，古藤田喜久雄，若松加寿江，高木 勲，松原彰子，飯田貞夫：黄瀬川流域地形分類図，建設省中部地方建設局沼津工事事務所，1985．
4) 望月利男，宮野道雄，松田磐余：1923年関東大地震における木造家屋の被害と検討—震央距離・地形と全壊率の関係—，日本建築学会論文報告集，Vol. 270, pp. 81-90, 1978.
5) 翠川三郎，松岡昌志：国土数値情報を利用した地震ハザードの総合的評価，物理探査，Vol. 48, No. 9, pp. 519-529, 1995.
6) 西阪理永，福和伸夫，荒川政知，銭 傑：国土数値情報を活用した地盤増幅度と地震動の予測，第2回都市直下地震災害総合シンポジウム論文集，pp. 341-344, 1997.
7) 福和伸夫，荒川政知，西阪理永：国土数値情報を活用した地震時地盤増幅度の推定，構造工学論文集，Vol. 44B, pp. 77-84, 1998.
8) 大西淳一，山崎文雄，若松加寿江：気象庁地震記録に基づく地点増幅特性と地形分類との関係，土木学会論文集，No. 626/I-48, pp. 79-91, 1999.

9) 山内洋志，山崎文雄，若松加寿江，Khosrow T. Shabestari：応答スペクトルの距離減衰式に基づく地点増幅特性と地形・表層地質分類との関係，土木学会論文集，No.682/I-56，pp.195-205，2001．
10) 藤本一雄，翠川三郎：日本全国を対象とした国土数値情報に基づく地盤の平均S波速度分布の推定，日本地震工学会論文集，Vol.3，No.3，pp.13-27，2003．
11) 久保智宏，久田嘉章，柴山明寛，大井昌弘，石田瑞穂，藤原広行，中山圭子：全国地形分類図による表層地盤特性のデータベース化および面的な早期地震動推定への適用，地震2，Vol.56，No.1，pp.21-37，2003．
12) 経済企画庁総合開発局：土地分類図(全47巻)，1967〜1978．
13) 国土交通省：国土数値情報，http://nlftp.mlit.go.jp/ksj/
14) 大矢雅彦：アトラス水害地形分類図，早稲田大学出版部，128p.，1993．
15) Borcherdt, R. D. and Gibss, J. F.：Effects of Local Geological Conditions in the San Francisco Bay Region on Ground Motions and the Intensities of the 1906 Earthquake, *Bulletin of Seismological Society of America*, Vol.66, No.2, pp.467-500, 1976.
16) 翠川三郎：地震断層と地盤条件を考慮した地表面最大加速度・最大速度分布の推定，第8回地盤震動シンポジウム，pp.59-64，1980．
17) Joyner, W. B. and Fumal, T. E.：Use of Measured Shear-wave Velocity for Predicting Geologicand Site Effects on Strong Ground Motion, *Proc. 8th World Conference on Earthquake Engineering*, Vol.2, pp.777-783, 1984.
18) Midorikawa, S., Matsuoka,M. and Sakugawa, K.：Site Effects on Strong-motion Records Observed during the 1987 Chiba-Ken-Toho-Oki, Japan Earthquake, *Proc. 9th Japan Earthquake Engineering Symposium*, Vol.3, pp.85-90, 1994.
19) 中山渉，清水善久，末冨岩雄，山崎文雄，石田栄介：超高密度地震観測記録に基づく観測地点の揺れ易さ評価，第11回日本地震工学シンポジウム論文集，pp.407-412，2002．
20) 松岡昌志，若松加寿江，藤本一雄，翠川三郎：日本全国地形・地盤分類メッシュマップを利用した地盤の平均S波速度分布の推定，土木学会論文集，No.794/I-72，pp.239-251，2005．
21) 地質調査所：20万分の1地質図幅集(画像)，1999．
22) 若松加寿江：わが国における地盤の液状化履歴と微地形に基づく液状化危険度に関する研究，早稲田大学学位論文，1993．
23) 松岡昌志，翠川三郎：国土数値情報を利用した地盤の平均S波速度の推定，日本建築学会構造系論文報告集，No.443，pp.65-71，1993．
24) 国土地理院：数値地図250mメッシュ(標高)，1997．
25) 若松加寿江，松岡昌志：大都市圏を対象とした地形・地盤分類250mメッシュマップの構築，第27回地震工学研究発表会講演論文集，ID50，4p.，CD-ROM，2003．
26) 若松加寿江：微地形調査による表層地盤の液状化特性の評価，日本建築学会構造系論文報告集，No.421，pp.29-37，1991．
27) 若松加寿江：詳細な微地形分類による地盤表層の液状化被害可能性の評価，日本建築学会大会学術講演梗概集，B分冊構造I，pp.1443-1444，1992．
28) 国土庁防災局震災対策課：液状化地域ゾーニングマニュアル，1999．
29) 国土庁防災局震災対策課：液状化マップ作成マニュアル，1991．

30) Technical Committee for Earthquake Geotechnical Engineering,TC4,ISSMGE：Manual for Zonation on Seismic Geotechnical Hazards(Revised Version). The Japanese Geotechnical Society, 1999.
31) Wakamatsu, K., Matsuoka, M., Hasegawa, K., Kubo, S. and Sugiura, M.：GIS-based Engineering Geomorphologic Map for Nationwide Hazard Assessment, *Proc. The 11th International Conference on Soil Dynamics and Earthquake Engineering & The 3rd International Conference on Earthquake Geotechnical Engineering,* Vo.1,pp. 879-886, 2004.
32) 若松加寿江：日本の地盤液状化履歴図，東海大学出版会，1991．
33) Kotoda, K., Wakamatsu, K., and Midorikawa, S.：Seismic Microzoning on Soil Liquefaction Potential Based on Geomorphological Land Classification,土質工学会論文報告集，No. 28,Vol. 2, pp.127-143, 1988．
34) 松岡昌志，翠川三郎，若松加寿江：国土数値情報を利用した広域液状化危険度予測,日本建築学会構造系論文集，No. 452，pp. 39-45，1993．
35) 藤本一雄，翠川三郎：近接観測点ペアの強震記録に基づく地盤増幅度と地盤の平均S波速度の関係，地震工学研究レポート，東京工業大学，No. 93，pp. 23-32，2005．
36) 司　宏俊，翠川三郎：断層タイプ及び地盤条件を考慮した最大速度・最大加速度の距離減衰式，日本建築学会構造系論文集，No. 523，pp. 63-70，1999．
37) 翠川三郎・大竹　雄：震源深さによる距離減衰特性の違いを考慮した地震動最大加速度・最大速度の距離減衰式，第11回日本地震工学シンポジウム論文集，ID117，CD-ROM，2002．
38) 若松加寿江，松岡昌志，坂倉弘晃：新潟地域の地形・地盤分類250ｍメッシュマップの構築とその適用例，第28回地震工学研究発表会講演集，No.180，CD-ROM，2005．
39) 若松加寿江，松岡昌志，坂倉弘晃：新潟地域250ｍメッシュ地形・地盤分類データベース，2005年4月版，防災科学技術研究所川崎ラボラトリー研究情報公開データベースDB001,http://www.kedm.bosai.go.jp/japanese/index.html, 2005．
40) 八木勇治：2004年10月23日新潟県中越地震の破壊の様子(暫定)，http://iisee.kenken.go.jp/staff/yagi/eq/20041023/Japan20041023-j.html, 2004．
41) 若松加寿江, 吉田　望，規矩大義：2004年新潟県中越地震の液状化現象とその特徴，第40回地盤工学研究発表会発表講演集，2005．
42) 吉松弘行：山腹崩壊の予式について，新砂防，102，pp. 1-9，1977．
43) 日本河川協会(編)：改訂新版建設省河川砂防技術基準(案)・同解説，山海堂，1997．
44) 芦田和男，奥村信一：ダム堆砂に関する研究，京都大学防災研究所年報，17-B，pp.1-16，1974．
45) 田中治雄，石外　宏：貯水池の堆砂量と集水区域の地形・地質との関係に就いて，土木学会誌，Vol. 36，No. 4，pp. 173-177，1951．
46) 藤原　治，三筒智二，大森博雄：日本列島における侵食速度の分布,サイクル機構技報，No. 5，pp. 85-93，1999．
47) 岡野眞久，高柳淳二，藤井隆弘：計画堆砂容量の設定とダム貯水池流入土砂量に基づく貯水池堆砂量推定方法についての考察，平成14年度ダム水源地環境技術研究所所報，pp. 31-37，2002．
48) 米倉伸之，貝塚爽平，野上道男，鎮西清高編：日本の地形1―総説，東京大学出版会，

2001.
49) 長谷川浩一, 若松加寿江, 松岡昌志：ダム堆砂データに基づく日本全国の潜在的侵食速度分布, 自然災害科学, Vol.24, No.3, 2005(印刷中).
50) 電力土木技術協会：昭和37年～平成13年度発行発電用貯水池・調整池土砂堆積状況, 電力土木昭和38年度～平成14年度, 1963-2002.
51) 芦田和男, 高橋 保, 道上正規：河川の土砂災害と対策, 森北出版, 1983.
52) 宮崎洋三, 大西外明：貯水池堆砂量の経年変化と比堆砂量に関する考察, 土木学会, No. 497/Ⅱ-28, pp.81-90, 1994.
53) 日本ダム協会：ダム年鑑2004, 2004.
54) 国土地理院：国土数値情報流域界・非集水域(面), 1977.
55) 中村三郎：斜面災害, 大明堂, 1984.
56) 吉良八郎, 石田陽博, 畑 武志：日本における貯水池堆砂の実態, 神戸大学農学部研究報告, 第11巻第2号, pp.1-18, 1975.
57) 松村和樹, 石橋晃睦：流砂系における流域土砂管理, 山海堂, 2001.
58) 全国治水砂防協会：砂防便覧(平成9年度版), 1997.
59) たとえば, Yoshikawa, T.:Denudation and tectonic movement in contemporary Japan, *Bull. Dept. Geography, Univ. Tokyo,* No.6, pp.1-14, 1974.

第3部
ユーザーズマニュアル

1. ユーザーズマニュアル（日本語版）

1.1 データベースの概要

　『日本の地形・地盤デジタルマップ』は，日本全国を約1km四方のメッシュで網羅した地形分類，表層地質，標高，起伏量，傾斜のメッシュマップと，それらのサンプル画像から構成されています．

　『日本の地形・地盤デジタルマップ』のメッシュ形式は，緯度方向30秒，経度方向45秒の基準地域メッシュです．ファイル形式は，地理情報システムで扱える形式を2種類とASCIIファイル形式（タブ区切り）を用意しています．サンプル画像は，ビットマップ形式で作成されています．

　なお，本出版物は，CD-ROMに収録されているデータを利用するためのソフトウェアを提供しておりません．別途各自でご用意ください．

1.2 CD-ROMに含まれるデータについて

　CD-ROMに収録されているファイルの一覧を**表3.1**に示します．フォルダおよびファイルは，いずれもSHIFT-JISコードで収録されています．

表3.1　収録されているファイル一覧

フォルダ名	ファイル名	データ種類	ファイル形式	備考
TAB	JEGM.TAB JEGM.DAT JEGM.MAP JEGM.ID JEGM.IND	地理情報と属性情報（**表3.2(a)**を参照）	米国MapInfo社 MapInfoTAB形式	JEGMの地理情報システム用ファイル一式
SHP	JEGM.SHP JEGM.DBF JEGM.SHX	地理情報と属性情報（**表3.2(a)**を参照）	米国ESRI社 Shape File形式	JEGMの地理情報システム用ファイル一式
TXT	JEGM.TXT	属性情報（**表3.2(b)**を参照）	ASCII形式 タブ区切り	JEGMのテキストファイル
BMP	GEOM_MAP.BMP	地形分類	Bitmap形式	JEGMのサンプル画像*
	GEO_MAP.BMP	表層地質		
	ELEV_MAP.BMP	標高の中央値		
	RLIF_MAP.BMP	起伏量		
	SLP_MAP.BMP	傾斜の中央値		
BMP	LGEOM_**.BMP	地形分類凡例	Bitmap形式	JEGM凡例のサンプル画像 **は、JP：日本語、EN：英語
	LGEO_**.BMP	表層地質凡例		
	LELEV_**.BMP	標高中央値凡例		
	LRLIF_**.BMP	起伏量凡例		
	LSLP_**.BMP	傾斜中央値凡例		

＊ 画像処理の都合上，1ピクセルが1メッシュに対応していない箇所があります．

1.3　属性情報

本データベースに含まれる属性情報を**表3.2(a)(b)**に示します．

表3.2(a)　属性情報一覧（地理情報システム用ファイル）

属性名	種別	説明文
MESHCODE	Integer	基準地域メッシュコード（旧測地系）
GEOM	Integer	地形分類コード（**表3.3**を参照）
GEO	Integer	表層地質コード（**表3.4**を参照）
MDN_ELEV	Float	1kmメッシュ内に含まれる250mメッシュ単位の標高の中央値*
AVG_ELEV	Float	〃　　　　　　　　　　　　　　　　　　標高の平均値*
MIN_ELEV	Float	〃　　　　　　　　　　　　　　　　　　標高の最小値*
MAX_ELEV	Float	〃　　　　　　　　　　　　　　　　　　標高の最大値*
RELIEF	Float	〃　　　　　　　　　　　　　　　　　　起伏量*
MDN_SLOPE	Float	1kmメッシュ内に含まれる250mメッシュ単位の傾斜の中央値**
AVG_SLOPE	Float	〃　　　　　　　　　　　　　　　　　　傾斜の平均値**
MIN_SLOPE	Float	〃　　　　　　　　　　　　　　　　　　傾斜の最小値**
MAX_SLOPE	Float	〃　　　　　　　　　　　　　　　　　　傾斜の最大値**

Integer：整数，Float：小数

＊ 沿岸部などでメッシュ内に標高や起伏量の情報がない場合，−9999.9の値が入っています．

＊＊ 沿岸部などでメッシュ内に傾斜情報がない場合，−9.9999の値が入っています．

表3.2(b) 属性情報一覧（テキストファイル）

属性名	種別	説　明　文
MESHCODE	Integer	基準地域メッシュコード（旧測地系）
LonSW(E)	Float	メッシュ南西隅の経度（度）（旧測地系）
LatSW(N)	Float	メッシュ南西隅の緯度（度）（旧測地系）
LonNE(E)	Float	メッシュ北東隅の経度（度）（旧測地系）
LatNE(N)	Float	メッシュ北東隅の緯度（度）（旧測地系）
GEOM	Integer	地形分類コード（**表3.3**を参照）
GEO	Integer	表層地質コード（**表3.4**を参照）
MDN_ELEV	Float	1kmメッシュ内に含まれる250mメッシュ単位の標高の中央値*
AVG_ELEV	Float	〃　　　　　　　　　　　　　　　　標高の平均値*
MIN_ELEV	Float	〃　　　　　　　　　　　　　　　　標高の最小値*
MAX_ELEV	Float	〃　　　　　　　　　　　　　　　　標高の最大値*
RELIEF	Float	〃　　　　　　　　　　　　　　　　起伏量*
MDN_SLOPE	Float	1kmメッシュ内に含まれる250mメッシュ単位の傾斜の中央値**
AVG_SLOPE	Float	〃　　　　　　　　　　　　　　　　傾斜の平均値**
MIN_SLOPE	Float	〃　　　　　　　　　　　　　　　　傾斜の最小値**
MAX_SLOPE	Float	〃　　　　　　　　　　　　　　　　傾斜の最大値**

Integer：整数，Float：小数
* 沿岸部などでメッシュ内に標高や起伏量の情報がない場合，-9999.9の値が入っています．
** 沿岸部などでメッシュ内に傾斜情報がない場合，-9.9999の値が入っています．

(1) 地域基準メッシュ

　本データベースのメッシュ形式は，行政管理庁告示第143号(1973.7.12)による緯度方向30秒，経度方向45秒の基準地域メッシュ(約1km四方)です．このメッシュシステムは旧測地系に基づいた標準地域メッシュ(地域メッシュコードN)を採用しています．2002年4月1日から施行された新測地系に基づく標準地域メッシュ(地域メッシュコード)とは境界位置が異なりますのでご注意下さい．

(2) 地形分類

　属性GEOMの地形分類コードおよび分類基準を**表3.3**に示します．なお，一つのメッシュ内に複数の微地形区分が含まれる場合は，原則としてメッシ

表3.3 地形分類コードと分類基準一覧

No.	微地形区分	定　義・特　徴
1	山地	1kmメッシュにおける起伏量（最高点と最低点の標高差）が概ね200m以上で，先第四系(第三紀以前の岩石)からなる標高の高い土地．

No.	微地形区分	定義・特徴
2	山麓地	先第四系山地に接し，土石流堆積物・崖錐堆積物など山地から供給された堆積物等よりなる比較的平滑な緩傾斜地．
3	丘陵	標高が比較的小さく，1kmメッシュにおける起伏量が概ね200m以下の斜面からなる土地．
4	火山地	第四系火山噴出物よりなり，標高・起伏量の大きなもの．
5	火山山麓地	火山地の周縁に分布する緩傾斜地で，火砕流堆積地や溶岩流堆積地，火山体の開析により形成される火山麓扇状地・泥流堆積地などを含む．
6	火山性丘陵	火砕流堆積地のうち侵食が進み平坦面が残っていないもの，または小面積で孤立するもの．
7	岩石台地	河岸段丘または海岸段丘で表層の堆積物が約5m以下のもの，隆起サンゴ礁の石灰岩台地を含む．
8	砂礫質台地	河岸段丘または海岸段丘で表層に約5m以上の段丘堆積物(砂礫層，砂質土層)をもつもの．
9	ローム台地	河岸段丘または海岸段丘で表層が約5m以上のローム層(火山灰質粘性土)からなるもの．
10	谷底低地	山地・火山地・丘陵地・台地に分布する川沿いの幅の狭い沖積低地．表層堆積物は山間地の場合は砂礫が多く，台地・丘陵地・海岸付近では粘性土や泥炭質土のこともある．
11	扇状地	河川が山地から沖積低地に出るところに形成される砂礫よりなる半円錐状の堆積地．勾配は概ね1/1000以上．
12	自然堤防	河川により運搬された土砂のうち粗粒土(主に砂質土)が河道沿いに細長く堆積して形成された微高地．
13	後背湿地	扇状地の下流側または三角州の上流側に分布する沖積低地で自然堤防以外の低湿な平坦地．軟弱な粘性土，泥炭，腐植質土からなる．砂丘・砂州の内陸側や山地・丘陵地・台地等に囲まれたポケット状の低地で粘性土，泥炭，腐植質土が堆積する部分を含む．
14	旧河道	過去の河川の流路で，低地一般面より0.5～1m低い帯状の凹地．
15	三角州・海岸低地	三角州は河川河口部の沖積低地で，低平で主として砂ないし粘性土よりなるもの．海岸低地は汀線付近の堆積物よりなる浅海底が陸化した部分で，砂州や砂丘などの微高地以外の低平なもの．海岸・湖岸の小規模低地を含む．
16	砂州・砂礫州	波や潮流の作用により汀線沿いに形成された中密ないし密な砂または砂礫よりなる微高地．過去の海岸沿いに形成され，現在は内陸部に存在するものも含む．
17	砂丘	風により運搬され堆積した細砂ないし中砂が表層に約5m以上堆積する波状の地形．一般に砂州上に形成されるが，台地上に形成されたものを含む．
18	干拓地	浅海底や湖底部分を沖合の築堤と排水により陸化させたもの．標高は水面よりも低い．
19	埋立地	水面下の部分を盛土により陸化させたもの．標高は水面よりも高い．
20	湖沼	内陸部の水域
0	沿岸海域	外洋沿岸の水域

ュ内で最も広い面積をしめる微地形区分をそのメッシュの属性として与えました．ただし，両側を山地や丘陵地等で挟まれた谷底低地のみ，人間活動が山地や丘陵斜面より谷底低地に集中することを考慮して，メッシュ内の谷底低地の占める割合が1/3程度以上の場合は「谷底低地」と区分しました．またメッシュ内の大部分が河川や海などの水域の場合でも，属性としては陸域の微地形区分を与えました．

(3) 表層地質コード

属性 GEO の表層地質コードを表 3.4 に示します．表層地質の時代区分の分類は，地質調査所（現産業技術総合研究所 地質調査総合センター）発行の縮尺 1/100 万地質図，縮尺 1/20 万地質図の他，1/5 万地質図，各都道府県発行の地質図，表層地質図を参考にしました．

表 3.4 表層地質コード一覧

コード	名 称
1	第四系完新統
2	第四系更新統
3	第四系火山岩類
4	第三系
5	先第三系
0	水域

(4) 標高・起伏量・傾斜

標高 (m)，起伏量 (m)，傾斜は，国土地理院発行の数値地図 250 m メッシュ (標高) から算出されています．起伏量は，基準地域メッシュ内に含まれる標高メッシュの最大値と最小値の差であり，傾斜は沖村ほか[1]に基づき，近接する 3×3 メッシュの標高を最もよく表す面の最大傾斜の正接 (タンジェント) を計算しています．そして，標高と傾斜は，各基準地域メッシュでの中央値，平均値，最小値，最大値を収録しています．

1.4 著作権および免責事項

『日本の地形・地盤デジタルマップ』のデータ，ならびに本解説は，著作権の対象となります．無断でこれらを複製することは法律により禁じられています．これらのデータ等のいかなる部分も，いかなる形態およびいかなる手

段によっても，(財)東京大学出版会の書面による事前の許可なく，複製，転送，転写，検索システムへの格納，または他言語への翻訳およびコンピュータ言語への変換を行うことはできません．

(財)東京大学出版会および著者は，『日本の地形・地盤デジタルメッシュマップ』におけるデータを含む出版物に対する所有権を保有しています．

データを含む本出版物の使用による結果および性能に関する一切のリスクは利用者の負担となります．

1.5 転載・引用した場合の記載事項

『日本の地形・地盤デジタルマップ』を利用した成果品の公表や，画像データ・書籍中の図表等の引用の際には，論文末尾などのわかりやすい場所に下記のような標記で引用を明示して下さい．その際，本解説書の裏表紙に貼付した製品シリアル番号を必ず記載してください．

［記載例］
(日本語)

本研究には(本印刷物には；本図には；など)，若松加寿江・久保純子・松岡昌志・長谷川浩一・杉浦正美：日本の地形・地盤デジタルマップ，東京大学出版会，2005のメッシュデータを使用した(製品シリアル番号：JEGM0001)．

(英語)

This work has used the data files from Wakamatsu, K., Kubo, S., Matsuoka, M., Hasegawa, K., and Sugiura, M: Japan Engineering Geomorphologic Classification Map, University of Tokyo Press, 2005 (product serial number: JEGM0001).

第3部の参考文献

1) 沖村　孝，吉永秀一郎，鳥井良一：地形特性値と地形区分，表土層厚の関係―仙台入菅谷地区を例として―，土地造成工学研究施設報告，Vol. 9, pp. 19-39, 1991.

2. Manual for the GIS-based Database "Japan Engineering Geomorphologic Classification Map (JEGM)"

2.1 DATABASE PROFILES

"Japan Engineering Geomorphologic Classification Map (JEGM)" is a GIS-based systematically standardized ground-condition map designed for hazard assessment. The database covers all of Japan with a Japanese standard sized grid, which is 30 arc-seconds in latitude × 45 arc-seconds in longitude (approximately 1×1 km) and includes four sets of major attributes: geomorphologic classification, geologic age, slope angle, and relative relief in approximately 380,000 grid cells, respectively. Further details about the JEGM were presented in Wakamatsu *et al.*[1].

2.2 CONTENTS OF THE CD-ROM

The CD-ROM contains the files summarized in Table 3.1. The files and folders are recorded by the SHIFT-JIS code.

Table 3.1 Summary of files included in the JEGM CD-ROM

Folder name	File name	Data type	File format	Remarks
TAB	JEGM.TAB JEGM.DAT JEGM.MAP JEGM.ID JEGM.IND	Geographic and attribute information (See Table 3.2(a))	MapInfo TAB format	GIS data file set of JEGM
SHP	JEGM.SHP JEGM.DBF JEGM.SHX	Geographic and attribute information (See Table 3.2(a))	ESRI Shape File format	GIS data file set of JEGM
TXT	JEGM.TXT	Attribute information (See Table 3.2(b))	ASCII tab-delimited format	Text data file set of JEGM

BMP	GEOM_MAP.BMP	Geomorphologic classification	Bitmap format	Sample image files of JEGM
	GEO_MAP.BMP	Geologic age		
	ELEV_MAP.BMP	Median surface elevation		
	RLIF_MAP.BMP	Relative relief		
	SLP_MAP.BMP	Median slope angle		
BMP	LGEOM_**.BMP	Legend of geomorphologic classification	Bitmap format	Image files of legends for JEGM ** in the second column JP represents Japanese version; EN represents English version.
	LGEO_**.BMP	Legend of geologic age		
	LELEV_**.BMP	Legend of median surface elevation		
	LRLIF_**.BMP	Legend of median relative relief		
	LSLP_**.BMP	Legend of median slope angle		

2.3 ATTRIBUTES OF THE DATABASE

The JEGM contains twelve attributes in GIS data and sixteen attributes in text data respectively, summarized in Table 3.2(a)(b).

Table 3.2(a) Attributes included in the JEGM(GIS data file)

Attribute Name	Types of Character	Description
MESHCODE	Integer	Standard grid square code (Tokyo datum)
GEOM	Integer	Geomorphologic classification code (see Table 3.3)
GEO	Integer	Geologic age code (see Table 3.4)
MDN_ELEV	Float	Median value of 250-m grid elevations in meters[*1]

90——第3部 ユーザーズマニュアル

AVG_ELEV	Float	Average value of 250-m grid elevations in meters[*1]
MIN_ELEV	Float	Minimum value of 250-m grid elevations in meters[*1]
MAX_ELEV	Float	Maximum value of 250-m grid elevations in meters[*1]
RELIEF	Float	Relative relief of 250-m grid elevations in meters[*1]
MDN_SLOPE	Float	Median value of 250-m grid slopes[*2]
AVG_SLOPE	Float	Average value of 250-m grid slopes[*2]
MIN_SLOPE	Float	Minimum value of 250-m grid slopes[*2]
MAX_SLOPE	Float	Maximum value of 250-m grid slopes[*2]

[*1]: Where there are no data for elevation and relative slope, the value "−9999.9" is stored in the cells.
[*2]: Where there are no data for slope, the value "−9.9999" is stored in the cells.

Table 3.2(b) Attributes included in the JEGM(Text data file)

Attribute Name	Types of Character	Description
MESHCODE	Integer	Standard grid square code (Tokyo datum)
LonSW(E)	Float	Longitude of south-west corner of the grid cell in degree (Tokyo datum)
LatSW(N)	Float	Latitude of south-west corner of the grid cell in degree (Tokyo datum)
LonNE(E)	Float	Longitude of north-east corner of the grid cell in degree (Tokyo datum)
LatNE(N)	Float	Latitude of north-east corner of the grid cell in degree (Tokyo datum)
GEOM	Integer	Geomorphologic classification code (see Table 3.3)
GEO	Integer	Geologic age code (see Table 3.4)
MDN_ELEV	Float	Median value of 250-m grid elevations in meters[*1]
AVG_ELEV	Float	Average value of 250-m grid elevations in meters[*1]
MIN_ELEV	Float	Minimum value of 250-m grid elevations in meters[*1]
MAX_ELEV	Float	Maximum value of 250-m grid elevations in meters[*1]

RELIEF	Float	Relative relief of 250-m grid elevations in meters[*1]
MDN_SLOPE	Float	Median value of 250-m grid slopes[*2]
AVG_SLOPE	Float	Average value of 250-m grid slopes[*2]
MIN_SLOPE	Float	Minimum value of 250-m grid slopes[*2]
MAX_SLOPE	Float	Maximum value of 250-m grid slopes[*2]

[*1]: Where there are no data for elevation and relative slope, the value "-9999.9" is stored in the cells.
[*2]: Where there are no data for slope, the value "-9.9999" is stored in the cells.

(1) Grid square code

The grid cells included in the JEGM are Japanese Standard Grid Square Code with size of 30 seconds, lat. × 45 seconds, long. based on the Tokyo Datum, which was defined by the Administrative Management Agency in 1973. Note that the coordinates of the grids used in the JEGM are different from those in the new code based on the datum "JGD2000", which has been used in Japan since 2002.

(2) Geomorphologic Classification

Criteria for geomorphologic classification were developed based on the purpose of this mapping project: identification and classification of subsurface ground conditions. The description of each map unit is presented in Table 3.3.

A cell is assigned to the single geomorphologic unit other than water body (codes 20 and 0) that occupies the greatest area of the cell when multiple units exist within the cell. However, a cell

Table 3.3 Code and description of geomorphologic map units of the attribute "GEOM"

Code	Geomorphologic map unit	Definition and general characteristics
1	Mountain	Steeply to very steeply sloping topography with highest elevation and relative relief within a grid cell of more than approximately 200 m. Moderately to severely dissected.
2	Mountain footslope	Gently sloping topography adjoining mountains and composed of material sourced from the mountains such as colluvium, talus, landslide and debris flow deposits.

3	Hill	Steeply to moderately sloping topography with higher elevation and relative relief within a grid cell of approximately 200 m or less. Moderately dissected.
4	Volcano	Steeply to moderately sloping topography with higher elevation and larger relative relief, composed of Quaternary volcanic rocks and deposits.
5	Volcanic footslope	Gently sloping topography located around skirt of volcano including pyroclastic-, mud- and lava-flow fields, and volcanic fan produced by dissection of volcanic body. Slightly dissected.
6	Volcanic hill	Moderately sloping topography composed of pyroclastic flow deposits. Moderately to severely dissected.
7	Rocky strath terrace	Fluvial or marine terrace with flat surface and step-like form, including limestone terrace of emerged coral reef. Thickness of subsurface soil deposits is less than 5 m.
8	Gravelly terrace	Fluvial or marine terrace with flat surface and step-like form. Covered with subsurface deposits (gravel or sandy soils) more than 5 m thick.
9	Terrace covered with volcanic ash soil	Fluvial or marine terrace with flat surface and step-like form. Covered with cohesive volcanic ash soil more than 5 m thick.
10	Valley bottom lowland	Long and narrow lowland formed by river or stream between steep to extremely steep slopes of mountain, hill, volcano and terrace.
11	Alluvial fan	Semi-cone-like form composed of coarse materials, which is formed at the boundary between mountains and lowland. Slope gradient is more than 1/1000.
12	Natural levee	Slightly elevated area formed along the riverbank by fluvial deposition during floods.
13	Back marsh	Swampy lowland formed behind natural levees, dunes or bars and lowlands surrounded by mountains, hills and terraces.
14	Abandoned river channels	Swampy shallow depression along former river course with elongate shape.

15	Delta and coastal lowland	Delta: flat lowland formed at the river mouth by fluvial accumulation. Coastal lowland: flat lowland formed along shoreline by emergence of shallow submarine deposits, including discontinuous lowlands along sea- or lake-shore.
16	Marine sand and gravel bars	Slightly elevated topography formed along shoreline, composed of sand and gravel which was washed ashore by ocean wave and/or current action.
17	Sand dune	Wavy topography usually formed along shoreline or river, comprised of fine to moderately aeolian sand; generally overlies sandy lowland.
18	Reclaimed land	Former bottom flat of sea, lake, lagoon, or river that has been reclaimed as land by drainage.
19	Filled land	Former water body such as sea, lake, lagoon, or river reclaimed as land by filling.
20	Inland water body	
0	Nearshore water body	

assigned to valley bottom lowland when it occupies approximately more than one-third part of a cell by way of exception, considering the most of the human activities are conducted not in the adjacent mountain or hill but in the valley bottom lowland.

(3) Geologic age

With the engineering uses of this database in mind, geologic age

Table 3.4 Code for geologic age of the attribute "GEO"

Code	Geologic age
1	Holocene
2	Pleistocene
3	Quaternary (volcanic)
4	Tertiary
5	Pre-Tertiary
0	Water body

has been divided into the following five categories: Holocene, Pleistocene, Quaternary (volcanic), Tertiary, and Pre-Tertiary, as shown in Table 3.4. Geologic age was identified using geologic maps of 1: 200,000 scale by the Geological Survey of Japan[2] and other regional geologic maps.

(4) Elevation, relative relief, and slope angle

Elevation, relative relief, and slope angle were computed using a 250-m (11.25×7.5 seconds-square) grid digital elevation model (DEM)[3]. The relative relief is defined as the difference between the highest and lowest elevations in meters for each cell.

The slope angle of ground surface was computed using a 250-m grid DEM based on the following procedure. First, slope angles for each 250-m grid cell were computed with the method proposed by Okimura et al.[4]: 3×3 grid cells in the DEM were picked up as shown in step 1 in Fig. 1.7; using the least squares method, the appropriate surface, which presented the largest distribution of elevations for 3×3 grid cells, was then computed; and the maximum slope angle of the surface was defined as that for the center cell of 3×3 grid cells. The tangent of the slope angle, θ, is represented as follows:

$$\mathrm{Tan}\,\theta = (A2 + B2)^{1/2}/6D \tag{3.1}$$

where

$$A = H_a - H_c + H_d - H_f + H_g - H_i \tag{3.2}$$
$$B = H_g + H_h + H_i - H_a - H_b - H_c \tag{3.3}$$

where D is the distance between grid squares, H is the elevation for each 250-m grid cell, and subscripts a to i are IDs for each cell.

The surface slope angles were computed for all 250-m grid cells covering Japan. Four attributes, namely median, average, maximum, and minimum values of the slopes per a 1-km grid cell, were then computed for 4×4 250-m grid cells within a 1-km grid cell in the form of tangent of the angles. Note that the calculations of the slopes for 1-km grid cells did not take into account the directions of the slopes but only the magnitudes.

2.4 COPYRIGHT

The copyright of the "JEGM" database reverts to the authors. Unauthorized or edited copies of JEGM for distribution are prohibited. Users of the data in this CD-ROM are requested to give the following description in any publication to show that data were obtained using the JEGM:

"This work has used the data files from Wakamatsu, K., Kubo S., Matsuoka, M., Hasegawa, K., and Sugiura, M.: Japan Engineering Geomorphologic Classification Map, University of Tokyo Press, 2005 (product serial number: JEGM0001)".

Users of the data on this CD-ROM are responsible for any results that may arise from using the data.

REFERENCES

[1] Wakamatsu, K., Matsuoka, M., Hasegawa, K., Kubo, S., and Sugiura, M.: "GIS-based Engineering Geomorphologic Map for Nationwide Hazard Assessment", Proc., The 11th International Conference on Soil Dynamics and Earthquake Engineering & The 3rd International Conference on Earthquake Geotechnical Engineering, Vol.1, pp.879-886, 2004.

[2] Gological Survey of Japan. 1: 200,000 Geological Map (raster data), CD-ROM, 1999.

[3] Geographical Survey Institute, Digital Map 250-m Grid(Elevation), CD-ROM, 1997.

[4] Okimura, T., Yoshinaga, S., and Torii, R.: Distribution of the local value calculated from geometry of landform at each divided landform and some relations between the value and depth of a surface soil layer — A case in a small mountainous area, Irisugaya, Rifucho, Miyagi-gun, Miyagi Prefecture, Japan — (in Japanese). Report of Reclamation Engineering Research Institute, Kobe University, Vol. 9, pp.19-39, 1991.

English Abstract
Japan Engineering Geomorphologic Classification Map

K. Wakamatsu[a], S. Kubo[b], M. Matsuoka[c], K. Hasegawa[c], and M. Sugiura[d]

[a] Kawasaki Laboratory, Earthquake Disaster Mitigation Research Center, NIED
[b] School of Education, Waseda University
[c] Earthquake Disaster Mitigation Research Center, NIED
[d] Asia Air Survey Co., Ltd.

Development of Japan Engineering Geomorphologic Classification Map

Several massive earthquakes like the Tokai, Tonankai, and Nankai earthquakes are expected to occur with high probability in the near future in Japan. In the hazards assessment of these earthquakes, local geologic and ground conditions play important roles in characterizing and estimating ground-condition-related hazards. However, neither a digital database nor a paper map of ground conditions throughout Japan has yet been created in a unified form.

Thus, to evaluate seismic hazards for a wide area systematically, the authors constructed a "Japan Engineering Geomorphologic Classification Map (JEGM)", which is the first nationally standardized GIS database for ground conditions. The database covers all of Japan with a Japanese standard size grid, which is 30 arc-seconds in latitude $\times$ 45 arc-seconds in longitude (approximately 1×1 km) and consists of four sets of major attributes: geomorphologic classification, geologic age, slope angle, and relative relief, in approximately 380,000 grid cells (Fig. 1.6(a)-(d)).

Further details about the JEGM were described in Wakamatsu *et al.*[1].

Geomorphologic classification

The map is based on new engineering-based geomorphologic classification scheme. New criteria were developed based on the purpose of the mapping project: identification and classification of subsurface ground conditions, though standard geomorphologic classification.

The preliminary classification maps were manually compiled; the major geomorphologic units were evaluated and classified on base maps at scales of 1: 200,000. The detailed maps were subsequently produced based on the analysis of local geomorphologic features at scales of 1: 50,000. Finally, all attributes were digitized and stored in cells using GIS software.

A cell is assigned to the single geomorphologic unit that occupies the greatest area of the cell when multiple units exist within the cell. Although a 1×1 km cell size is not sufficient for detailed hazard assessments, the quality of the digital mapping in the JEGM would be remarkably improved by geomorphologic mapping at a scale of 1: 50,000, especially when compared with other digital databases with grid cells of 1×1 km.

Geologic age

In anticipation of the engineering use of this database, geologic age data includes Holocene, Pleistocene, Quaternary (volcanic material), Tertiary, and Pre-Tertiary, which were identified using geologic maps with 1: 200,000 scale [2] and other regional geologic maps.

Slope angle

The slope angle data in each grid cell includes four attributes: median, average, maximum, and minimum values of surface slopes within each cell. They were computed based on the procedure proposed by Okimura *et al.*[3] using a 250-m (11.25×7.5 seconds-square) grid digital elevation model (DEM)[4] and present in the form of tangent of the angles.

Elevation and Relative relief

The elevation data contain four attributes: median, average, maximum and minimum elevation. Relative relief is defined as the difference between the maximum and minimum elevation within the cell. These were computed using a 250-m grid DEM [4].

Utilization of JEGM for Hazard Mapping

The Japan Engineering Geomorphologic Classification Map (JEGM) was employed for the following types of nationwide hazard mapping.

Flood potential mapping

A geomorphologic survey map of a river basin enables us to estimate the nature of floods, including the extent and duration of inundation, the depth of standing water, the direction of flood currents, the shifting of a river course, the possibility of erosion and deposition along a river course, and other related phenomenon. The reason why such maps indicate flood types is that the landform features of alluvial plains and their deposits have been formed by repeated floods [5]. From this standpoint, Oya prepared geomorphologic classification maps showing classification of flood-stricken areas of the major rivers in Japan and Southeast Asia [5]. Based on his technology, nationwide flood hazard mapping was performed using geomorphologic classification data contained in the JEGM (Fig.2.1). The map is useful for evaluating the approximate areas affected by flooding and for disaster prevention planning such as arrangement of evacuation sites, although the estimation is not in exact detail.

Average shear-wave velocity mapping

Mapping of shear-wave velocity for all of Japan was performed by Matusoka *et al.*[6] using JEGM. First, they calculated the average shear-wave velocity in the upper 30 m (AVS30), which is a simple and useful predictor for estimating the site amplification factors of strong ground motions, for approximately 2,000 sites all over Japan where shear-wave velocity had been measured. Geomorphologic units for all shear-wave velocity data were interpreted using the land classification maps that are the base paper maps for the JEGM. Next, they examined the correlation between not only geomorphologic units but also geographical information derived from the JEGM and the AVS30 values. The AVS30s show some dependency on altitudes, slope, and distances from mountains or hills. In order to develop an estimating model for the AVS30, multivariate regression analysis is conducted using these geomorphologic indices. In this way, an AVS30 map with relatively high accuracy for all of Japan can be developed using JEGM (Fig. 2.8).

Liquefaction potential mapping

The JEGM was also used to perform nationwide liquefaction hazard assessment. Geomorphologically-based criteria were used for assessing the liquefaction potential, which was introduced in the "Manual for Zonation on Seismic Geotechnical Hazards" [7]. To apply the criteria to the JEGM, some additional sub-classifications for specific geomorphologic conditions are needed.

Algorithms were therefore made using the attributes of average slope angle in the JEGM to subdivide the geomorphologic units in the JEGM into the subunits needed for the liquefaction analysis. A nationwide liquefaction hazard assessment was then performed. The results of the mapping are illustrated in Fig. 2.9. The liquefaction potential is high in metropolitan areas, including Tokyo, Nagoya, and Niigata, when a ground motion of the JMA intensity of V (approximately Modified Mercalli Intensity of VIII) is expected. The results of the liquefaction hazard assessment are generally consistent with the field experience of liquefaction during historic earthquakes in Japan (Fig. 2.9).

Erosion rate potential mapping

In order to estimate landslide potential nationwide, Hasegawa *et al.*[8] proposed a new method to obtain a specific sedimentation rate distribution, which gives information on regional erosion rate potential. First, several topographic indices were compared with specific sedimentations rate for 72 drainage basins across the country. They found that average grid slope was the best index to estimate specific sedimentation rate. Based on a regression analysis, they obtained equations to estimate specific sedimentation rate using simple parameters; grid slope and geologic age contained in the JEGM. The estimation error of specific sedimentations rate using their proposed model was smaller than those using previous models. Using the equations and the JEGM, they mapped erosion rate potential of each drainage basins all over Japan (Fig. 2.23).

Acknowledgments

The work for development of "Japan Engineering Geomorphologic Classification Map" was supported by the Grant-in-Aid for Scientific Research sponsored by the Japan Society for the Promotion of Science, under task numbers 12558044, 15510155, and 158085. The authors gratefully acknowledge this support. They also thank the Hyogoken Research Organization for Human Care and the Fukutake Science and Culture Foundation for their financial support.

References

[1] Wakamatsu, K., Matsuoka, M., Hasegawa, K., Kubo, S., and Sugiura, M.: "GIS-based Engineering Geomorphologic Map for Nationwide Hazard Assessment", Proc., The 11th International Conference on Soil Dynamics and Earthquake Engineering & The 3rd International Conference on Earthquake Geotechnical Engineering, Vo.1, pp.879-886, 2004.

[2] Geological Survey of Japan: 1: 200,000 Geological Map (raster data), CD-ROM, 1999.

[3] Okimura, T., Yoshinaga, S., and Torii, R.: Distribution of the local value calculated from geometry of landform at each divided landform and some relations between the value and depth of a surface soil layer — A case in a small mountainous area, Irisugaya, Rifucho, Miyagi-gun, Miyagi prefecture, Japan — (in Japanese), Report of Reclamation Engineering Research Institute, Kobe University, Vol.9, pp.19-39, 1991.

[4] Geographical Survey Institute: Digital Map 250-m Grid(Elevation), CD-ROM, 1997.

[5] Oya, M.: Geomorphological Survey Maps Showing Classification of Flood Stricken Areas, Waseda University Press, 1993.

[6] Matsuoka, M., Wakamatsu, K., Fujimoto, K., and Midorikawa, S.: Nationwide site amplification zoning using GIS-based Japan Engineering Geomorphologic Classification Map, Safety and Reliability

of Engineering Systems and Structures (Proc. 9th International Conference on Structural Safety and Reliability), Millpress, CD-ROM, pp.239-246, 2005.

[7] Technical Committee for Earthquake Geotechnical Engineering, TC4, ISSMGE: Manual for Zonation on Seismic Geotechnical Hazards (Revised Version), The Japanese Geotechnical Society, 1999.

[8] Hasegawa, K., Wakamatsu, K., and Matsuoka, M.: Mapping of potential erosion-rate evaluated from reservoir sedimentation in Japan, *Natural Disaster Science*, Vol.24, No.3, 2005 (in press) (in Japanese with English abstract).

執筆者一覧

若松加寿江（わかまつかずえ）　(独)防災科学技術研究所 地震防災フロンティア研究センター
　　　　　　　　　　　　　　　川崎ラボラトリー
　　　　　　　　　　　　　　　専門：地盤工学

久保　純子（くぼ すみこ）　早稲田大学教育学部
　　　　　　　　　　　　　専門：自然地理学・地形学

松岡　昌志（まつおか まさし）　(独)防災科学技術研究所 地震防災フロンティア研究センター
　　　　　　　　　　　　　　　専門：地震工学

長谷川浩一（はせがわこういち）　(独)防災科学技術研究所 地震防災フロンティア研究センター
　　　　　　　　　　　　　　　　専門：都市防災学

杉浦　正美（すぎうら まさみ）　アジア航測(株)
　　　　　　　　　　　　　　　専門：防災地理学

この地図の作成に当たっては，国土地理院長の承認を得て，同院発行の数値地図250mメッシュ（標高）を使用したものである．（承認番号　平17総使，第384号）

この地図は，国土地理院長の承認を得て，同院発行の数値地図250mメッシュ（標高）を複製したものである．（承認番号　平17総複，第450号）

本出版物には，産業技術総合研究所の100万分の1日本地質図第3版(CD-ROM)，および1/20万，1/5万地質図幅を使用した．（承認番号　第63500-A-20051006-002号）

日本の地形・地盤デジタルマップ

2005 年 11 月 21 日　初版発行

検印廃止

著　者——若松加寿江・久保純子・松岡昌志・
　　　　長谷川浩一・杉浦正美
発行所——財団法人　東京大学出版会
　　　　113-8654 東京都文京区本郷 7-3-1
　　　　電話 03-3811-8814　FAX 03-3812-6958
　　　　振替 00160-6-59964
代表者——岡本和夫
印刷・製本—凸版印刷株式会社

© 2005 Kazue Wakamatsu et al.
ISBN4-13-060748-0　Printed in Japan

[R]〈日本複写権センター委託出版物〉
本書の全部または一部を無断で複写複製(コピー)することは，著作権法上での例外を除き，禁じられています．本書からの複写を希望される場合は，日本複写権センター(03-3401-2382)にご連絡ください．

中田　高・今泉俊文編
活断層詳細デジタルマップ　　　DVD 2 枚・B 5 判 64 頁・付図 1 葉／20000 円

池田安隆・今泉俊文ほか編
第四紀逆断層アトラス　　　A 3 判 260 頁／20000 円

山本明彦・志知龍一編
日本列島重力アトラス　西南日本および中央日本
　　　　　　　　　　　　　　　　　CD-ROM 1 枚・B 4 判 136 頁／9200 円

小池一之・町田　洋編
日本の海成段丘アトラス　CD-ROM 3 枚・A 4 判 122 頁・付図 2 葉／20000 円

町田　洋・新井房夫
新編　火山灰アトラス　日本列島とその周辺　　B 5 判 336 頁／7400 円

水谷武司
自然災害と防災の科学　　　A 5 判 224 頁／3200 円

ここに表示された価格は**本体価格**です．ご購入の
際には消費税が加算されますのでご諒承ください．